CCF优博丛书

开放环境下的度量学习研究

Metric Learning for Open Environment

叶翰嘉——著

机械工业出版社
CHINA MACHINE PRESS

本书以模型在开放环境下输入、输出层面上面临的挑战为切入点，提出针对或利用度量学习特性的具体算法，从理论和应用等多个角度使度量学习的研究能够契合开放的环境。

本书从理论上分析了度量学习的泛化能力，提出了降低样本复杂度的策略；提出了一种应用度量语义变换在小样本情况下应对特征变化的学习方法；提出了能够灵活挖掘并自适应利用开放环境中复杂语义的多度量学习框架；提出了一种利用分布扰动以适应输入特征和对象关系噪声的度量学习方法。

本书提出的理论和方法可以为度量学习相关领域的研究生或从业人员提供一些借鉴和帮助。

图书在版编目（CIP）数据

开放环境下的度量学习研究／叶翰嘉著．—北京：机械工业出版社，2022.10（2024.4重印）
（CCF优博丛书）
ISBN 978-7-111-71367-8

Ⅰ．①开…　Ⅱ．①叶…　Ⅲ．①机器学习-研究　Ⅳ．①TP181

中国版本图书馆CIP数据核字（2022）第144377号

机械工业出版社（北京市百万庄大街22号　邮政编码100037）
策划编辑：梁　伟　　　责任编辑：梁　伟　游　静
责任校对：贾海霞　王明欣　封面设计：鞠　杨
责任印制：邓　博
北京盛通数码印刷有限公司印刷
2024年4月第1版第2次印刷
148mm×210mm・7.75印张・6插页・147千字
标准书号：ISBN 978-7-111-71367-8
定价：47.00元

电话服务　　　　　　　网络服务
客服电话：010-88361066　机　工　官　网：www.cmpbook.com
　　　　　010-88379833　机　工　官　博：weibo.com/cmp1952
　　　　　010-68326294　金　书　网：www.golden-book.com
封底无防伪标均为盗版　机工教育服务网：www.cmpedu.com

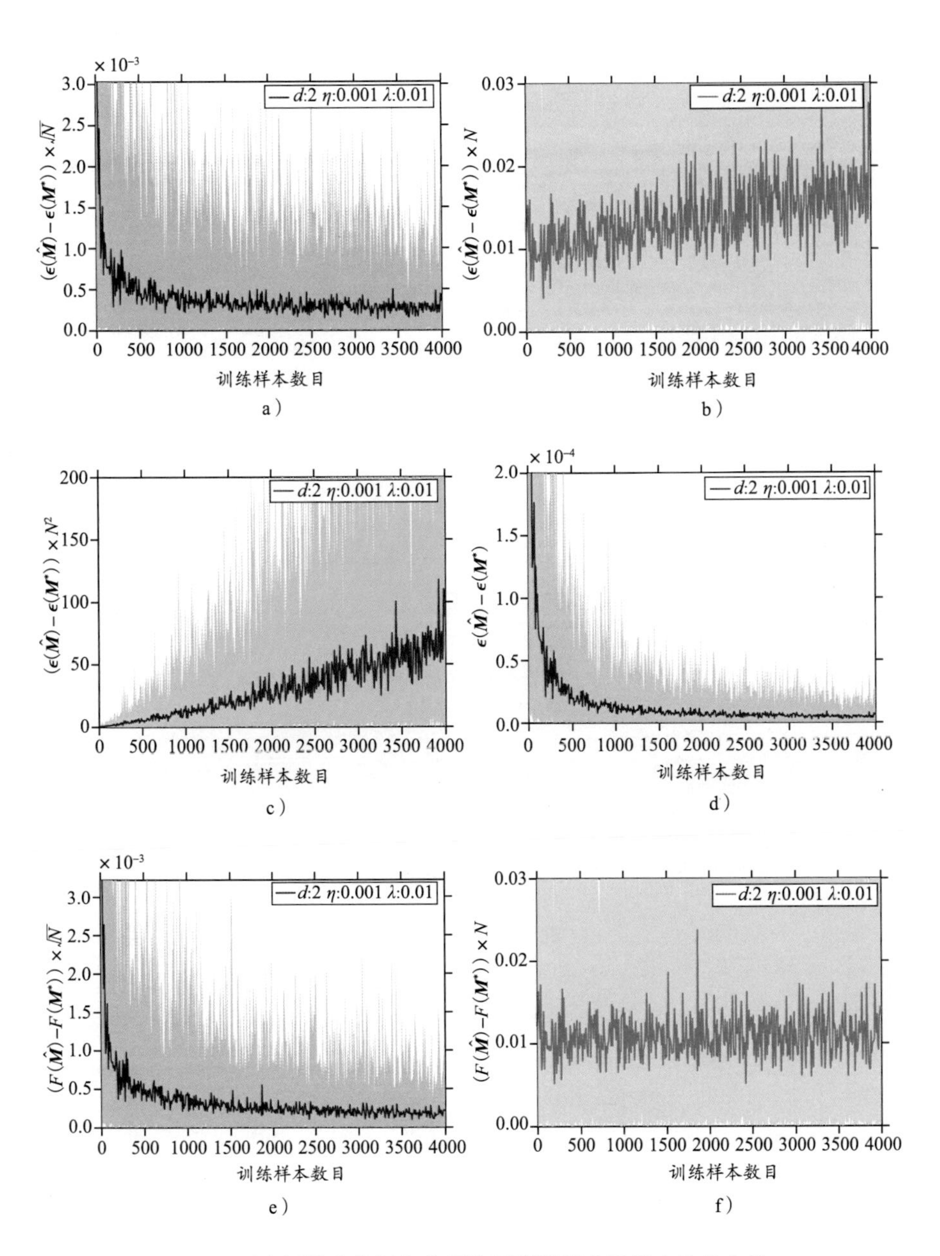

图 3.1 在低维度数据集上额外风险随样本数目变化的曲线

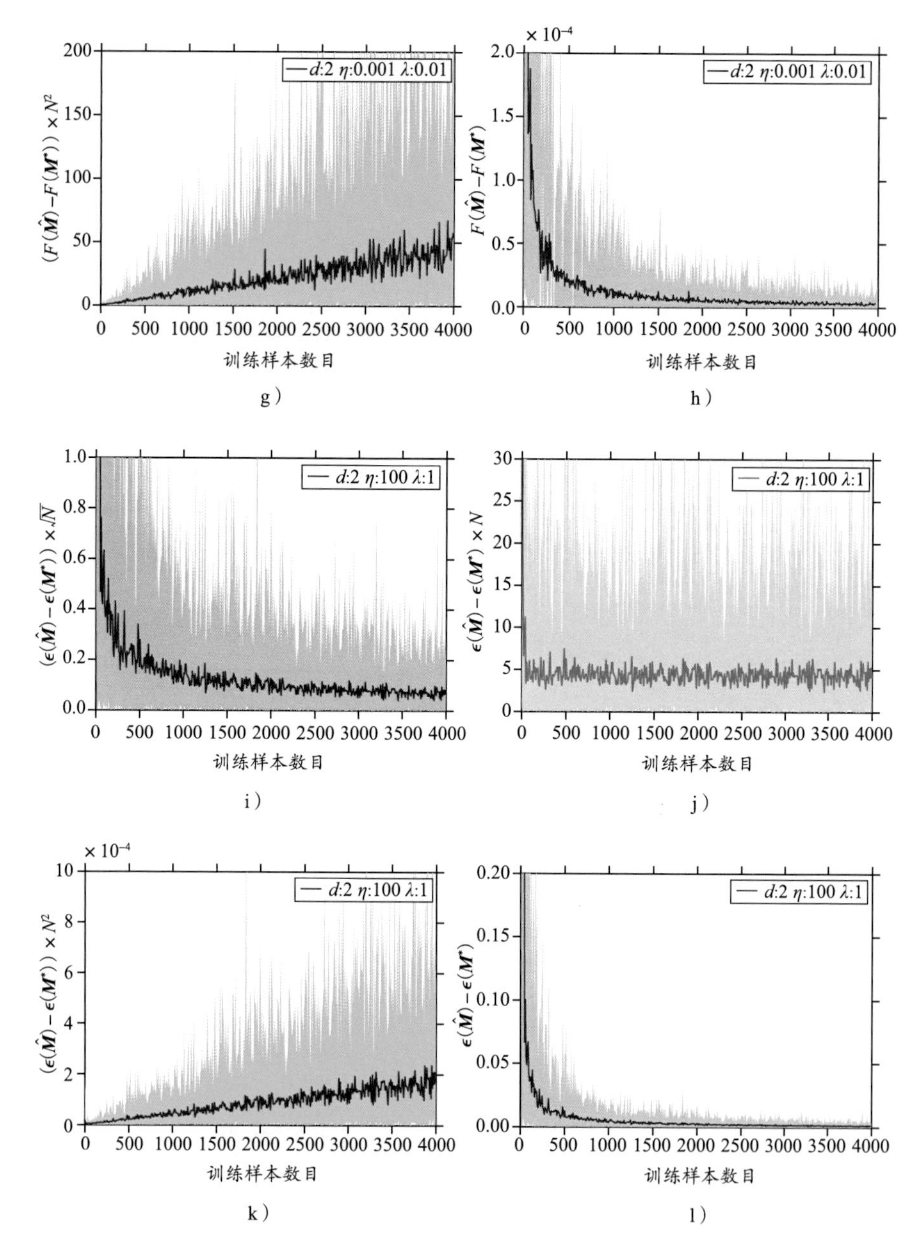

图 3.1　在低维度数据集上额外

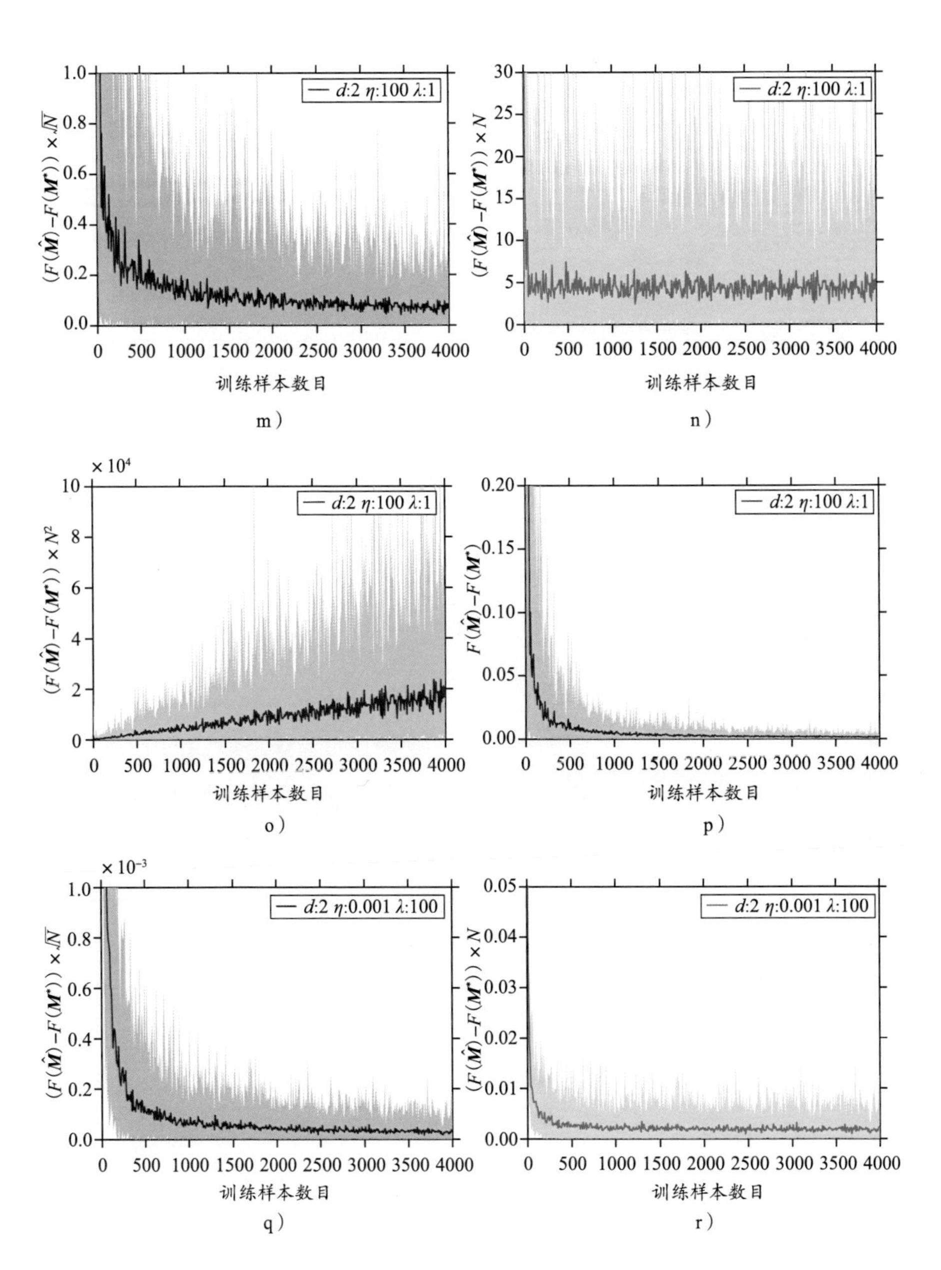

风险随样本数目变化的曲线（续）

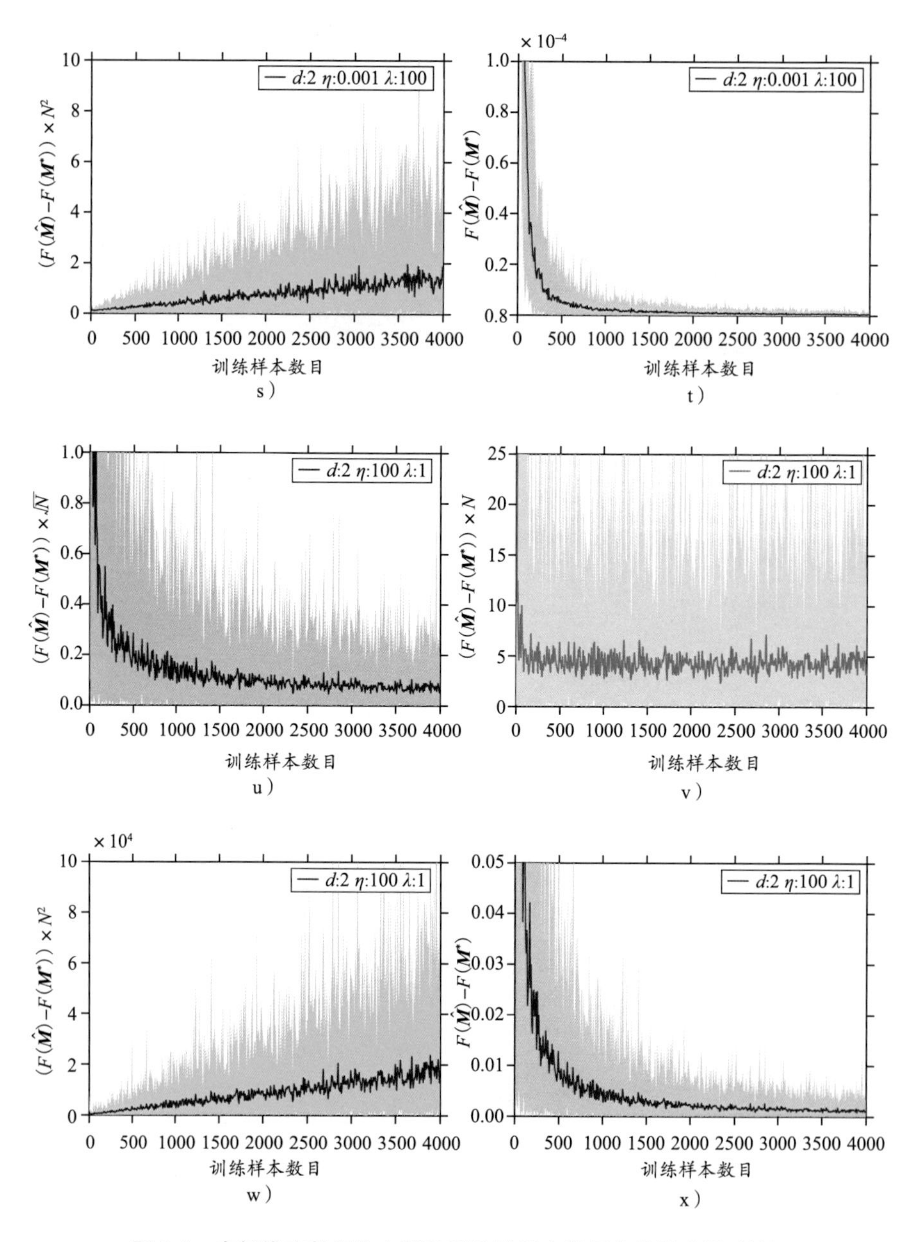

图 3.1　在低维度数据集上额外风险随样本数目变化的曲线（续）

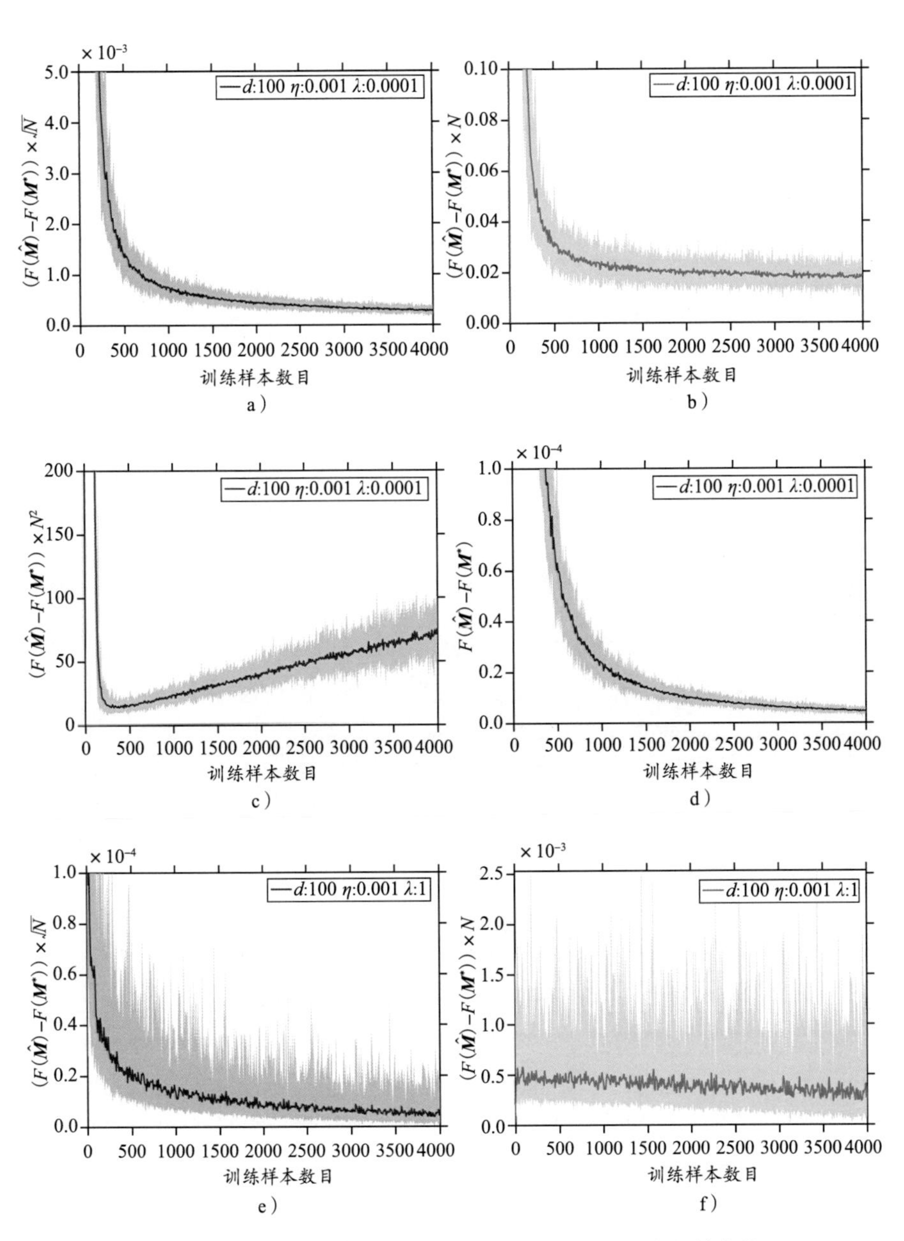

图 3.2　在较高维度数据集上额外风险随样本数目变化的曲线

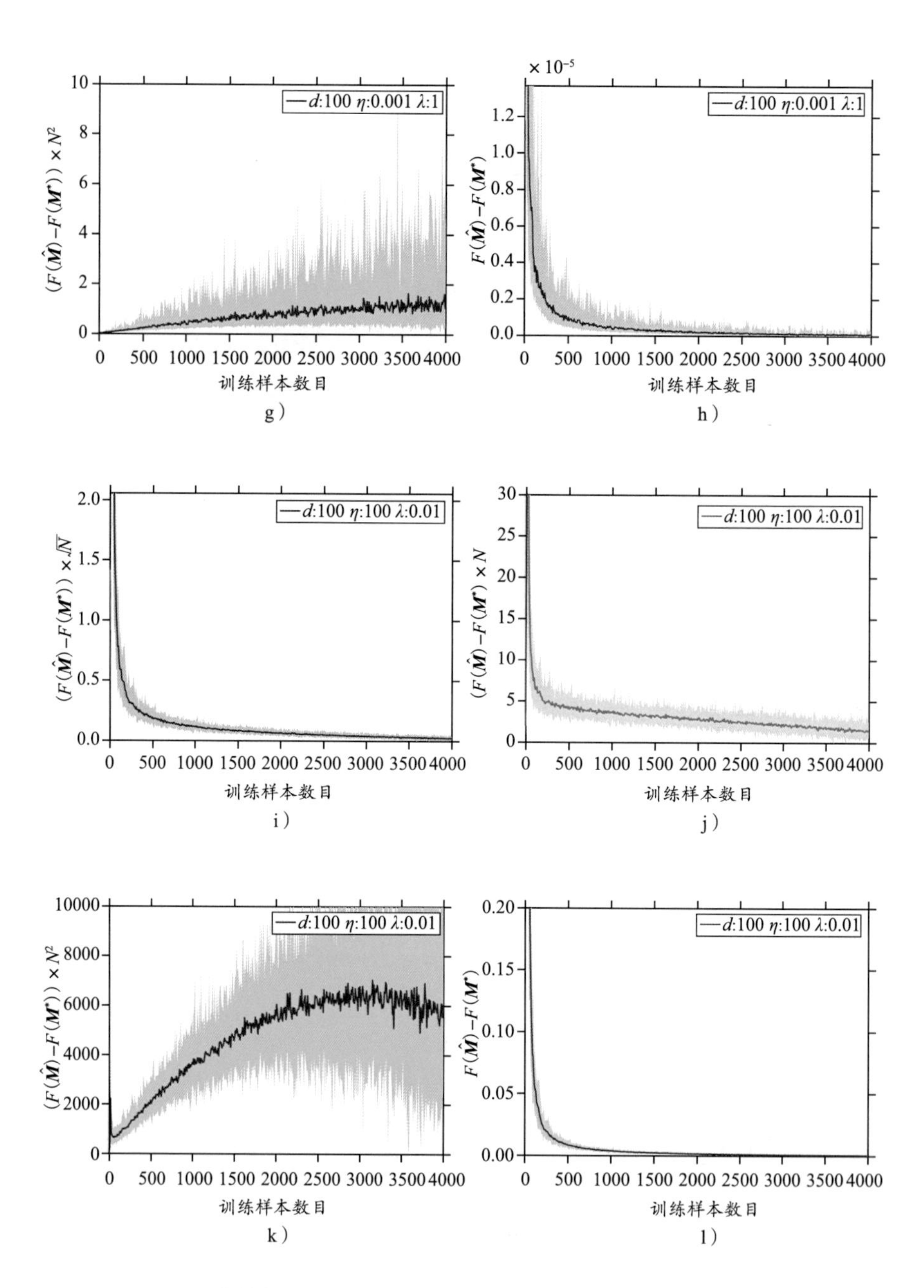

图 3.2　在较高维度数据集上额外风险随样本数目变化的曲线（续）

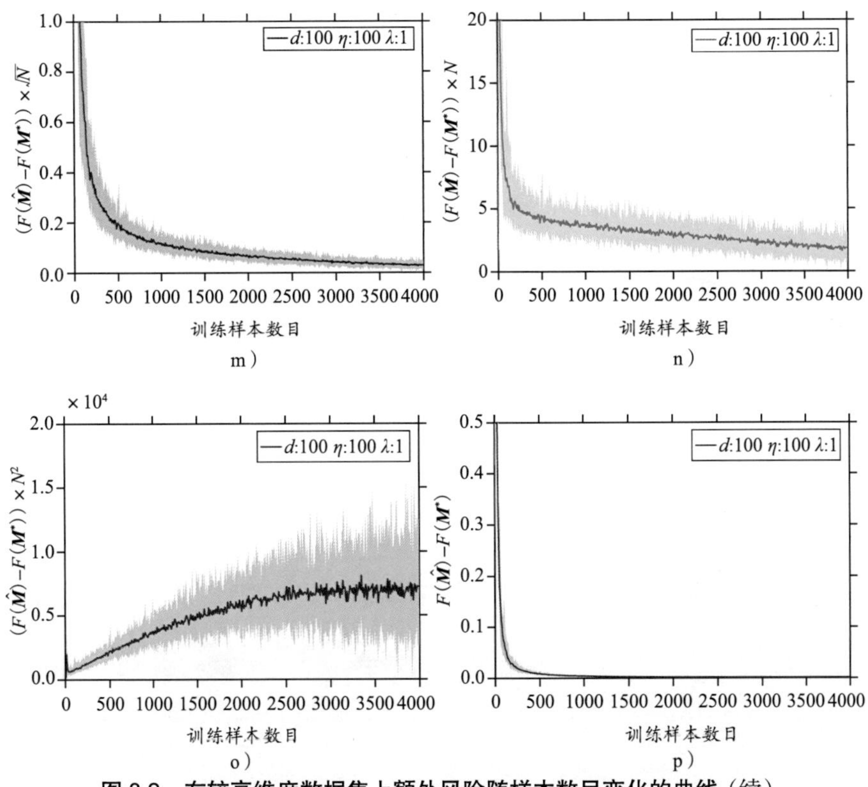

图 3.2　在较高维度数据集上额外风险随样本数目变化的曲线（续）

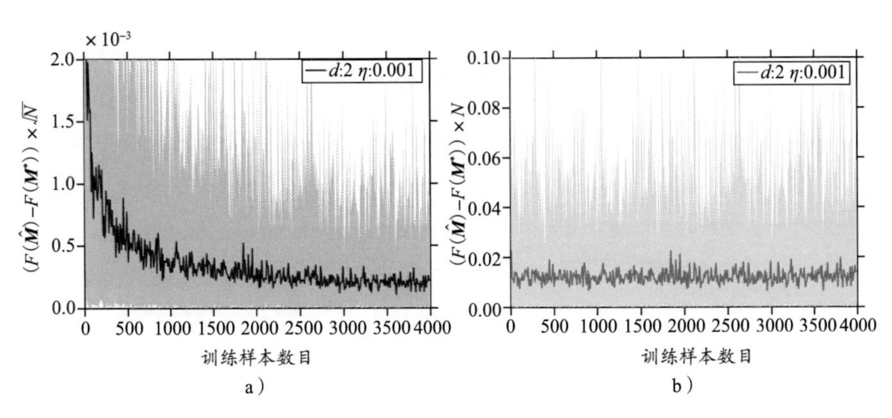

图 3.3　在不同维度数据集上额外风险随样本数目变化的曲线（无正则项）

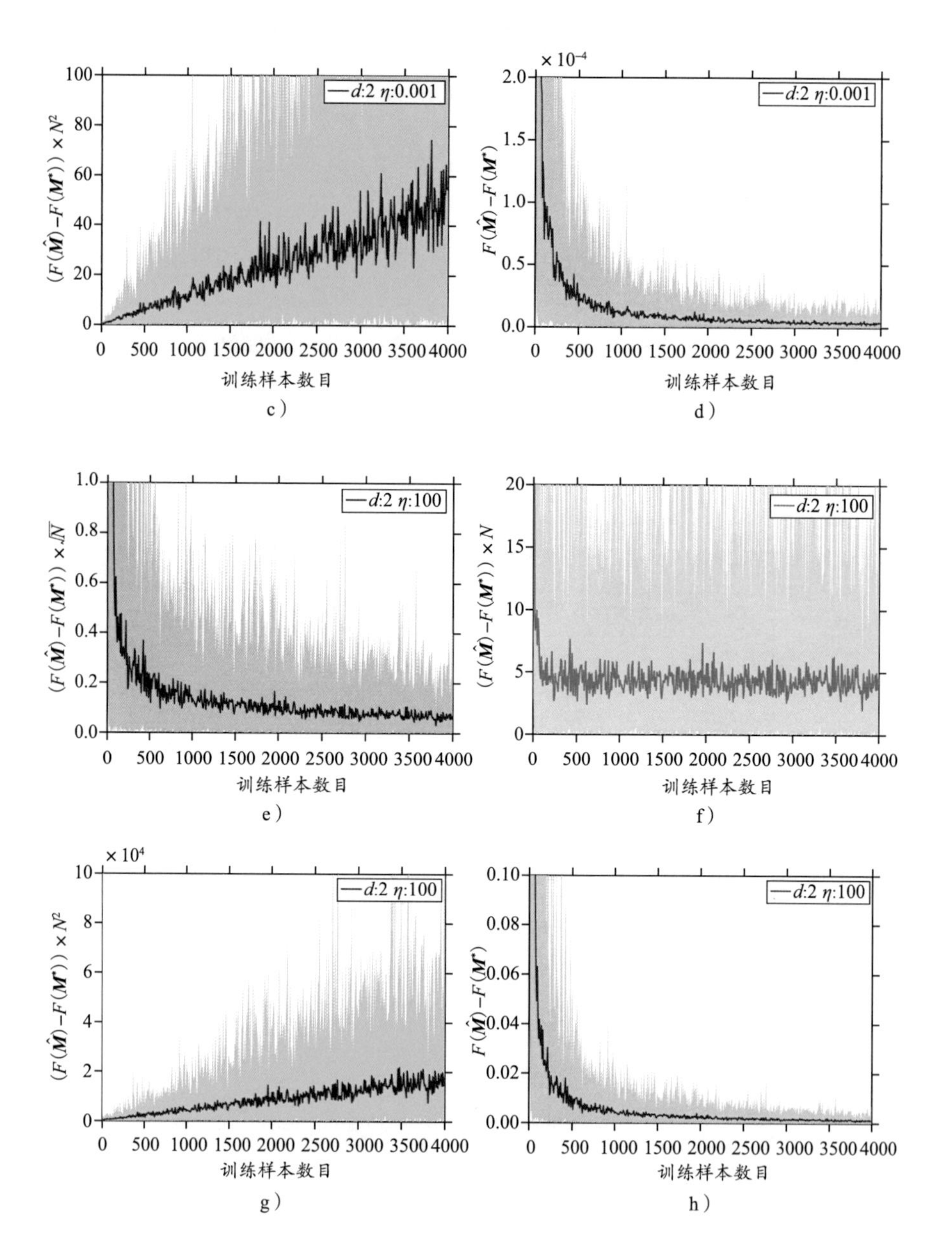

图 3.3　在不同维度数据集上额外

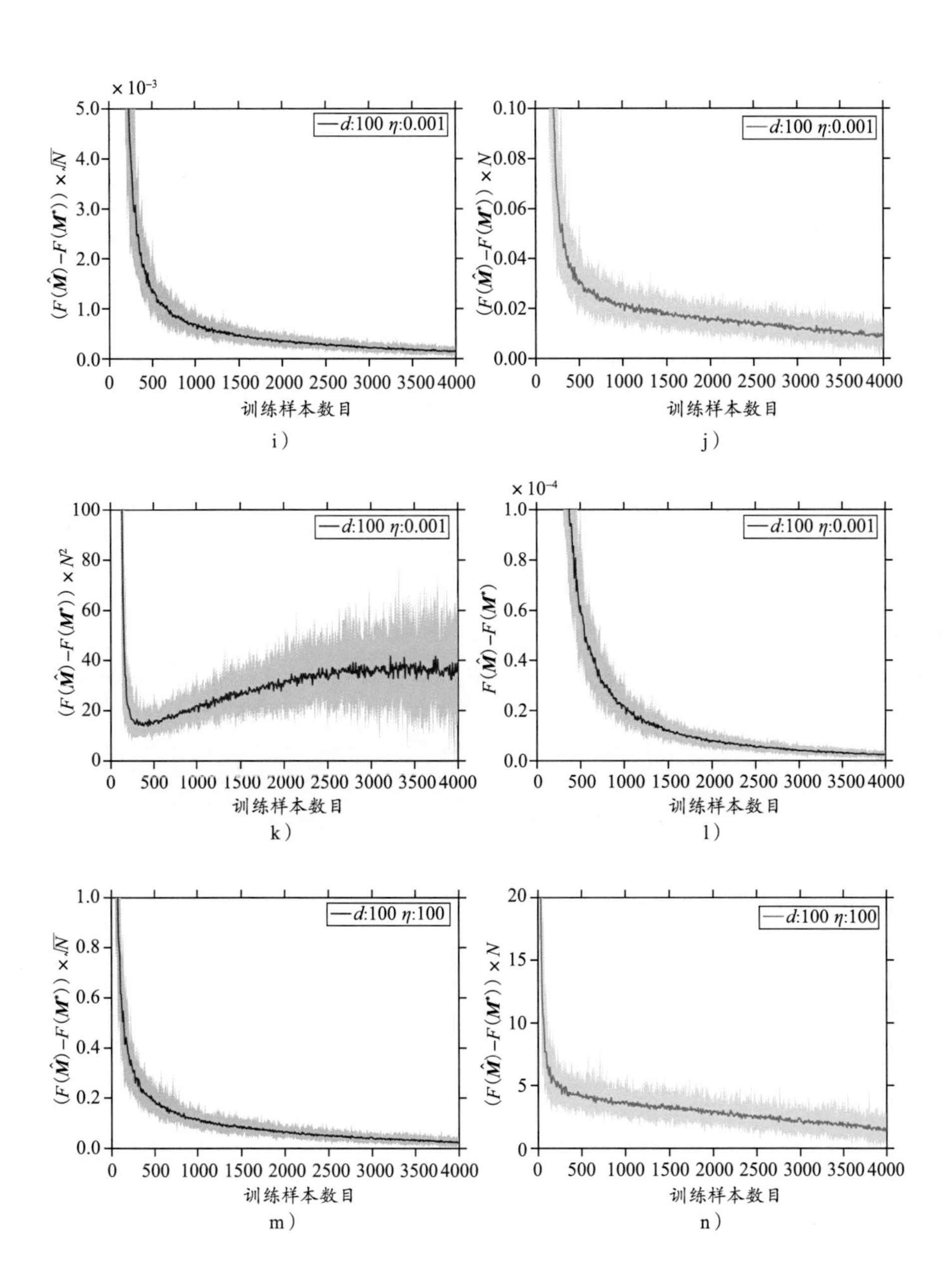

风险随样本数目变化的曲线（无正则项）(续)

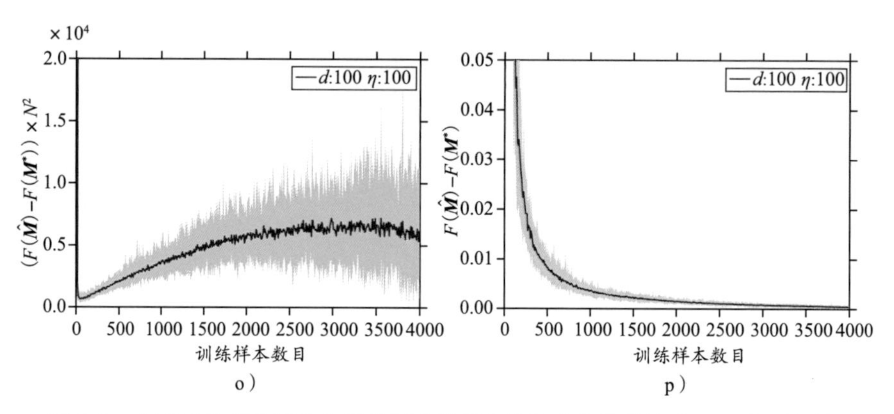

图 3.3 在不同维度数据集上额外风险随样本数目变化的曲线（无正则项）(续)

CCF 优博丛书编委会

丛书序

博士研究生教育是教育的最高层级，是一个国家高层次人才培养的主渠道。博士学位论文是青年学子在其人生求学阶段，经历“昨夜西风凋碧树，独上高楼，望尽天涯路”和“衣带渐宽终不悔，为伊消得人憔悴”之后的学术巅峰之作。因此，一般来说，博士学位论文都在其所研究的学术前沿点上有所创新、有所突破，为拓展人类的认知和知识边界做出了贡献。博士学位论文应该是同行学术研究者的必读文献。

为推动我国计算机领域的科技进步，激励计算机学科博士研究生潜心钻研，务实创新，解决计算机科学技术中的难点问题，表彰做出优秀成果的青年学者，培育计算机领域的顶级创新人才，中国计算机学会（CCF）于 2006 年决定设立“中国计算机学会优秀博士学位论文奖”，每年评选不超过 10 篇计算机学科优秀博士学位论文。截至 2021 年已有 145 位青年学者获得该奖。他们走上工作岗位以后均做出了显著的科技或产业贡献，有的获国家科技大奖，有的获评国际高被引学者，有的研发出高端产品，大都成为计算机领域国内国际知名学者、一方学术带头人或有影响力的企业家。

博士学位论文的整体质量体现了一个国家相关领域的科技发展程度和高等教育水平。为了更好地展示我国计算机学科博士生教育取得的成效，推广博士生科研成果，加强高端学术交流，中国计算机学会于2020年委托机械工业出版社以"CCF优博丛书"的形式，陆续选择2006年至今及以后的部分优秀博士学位论文全文出版，并以此庆祝中国计算机学会建会60周年。这是中国计算机学会又一引人瞩目的创举，也是一项令人称道的善举。

希望我国计算机领域的广大研究生向该丛书的学长作者们学习，树立献身科学的理想和信念，塑造"六经责我开生面"的精神气度，砥砺探索，锐意创新，不断摘取科学技术明珠，为国家做出重大科技贡献。

谨此为序。

赵沁平

中国工程院院士

2022年4月30日

推荐序 I

度量学习是机器学习和数据挖掘中的一个基本问题，其主要目的是寻找有效的特征表示使得数据特征更具有判别性，从而达到同类样本之间的距离尽可能变小，不同类样本之间的距离尽可能变大的目的。已有研究表明，数据的有效度量学习可以极大地改善分类、聚类和检索等数据挖掘任务的性能。在现实中，度量学习可以有效应用于商业智能推荐、信息检索、计算机视觉和智能系统等诸多与国计民生相关的重要领域。但是，现实场景的开放性给传统的度量学习理论与方法带来了众多挑战，如大量未标记的样本、样本相关联的语义多重性、数据噪声、特征迁移等。在这些复杂场景中，如何进行有效的度量学习是一项非常必要且处于不断发展中的研究课题。

叶翰嘉博士以开放环境下的度量学习为研究对象，针对小样本训练的有效性、特征空间变化的模型重用和框架迁移、多语义相关联样本的多度量学习以及不确定性噪声下的鲁棒度量学习等问题开展了系统深入的研究。这些研究工作涵盖了开放环境下度量学习的众多基本理论问题和扩展性应用，具体包括以下内容：①为了解决少量标记样本下的学习有效性，从理论层面分析了度量学习的泛化能力，并给出了泛化能力不变情况下样本需求量的理论估计；②针对小样本情况下不同任务之间特征空间变化的问题，引入了一种两阶段方法，依次实现了不同特征空间中特征的关联关系映射和原始特征空间分类器的迁移重用；③为解决现实场景中对象间具有不同视角的语义相关性问题，提出了一种统一的多度量学习框架，提升了学习的数据适应性；④针对输入和输出两个层面存在的不确定性噪声，提出了一种利用分布扰动以适应输入特征和对象关系噪声的度量学习方法，增强了学习的鲁棒性。作者还进一步探讨了所提理论与方法在一些真实开放环境下针对具体任务的应用，如社交网络的关联关系挖掘、多视图语义挖掘、图片信息检索等。最后，作者设想了未来在更复杂的开放环境下的度量学习所面临的新问题，如跨任务的小样本学习、跨模态有噪声的度量学习、复杂对象的语义挖掘和可解释性等。

总体来讲，叶翰嘉博士针对开放环境下度量学习及应用的研究具有系统性和前沿性，可以为该领域的后续研究、相关领域的辅助利用，以及促进其在多样化现实场景中的有效应用提供重要的参考价值和借鉴意义。希望本书的出版能够进一步推动度量学习相关领域的研究，进而产生更多、更优的科研成果，并助力于机器学习方法的持续变革与创新。

梁吉业

山西大学教授

2022 年 5 月于太原

推荐序Ⅱ

人工智能的研究在今后很长的时间里，将会关注开放环境下的问题，包括开放环境下的机器学习、计算机视觉、自然语言理解、计算机听觉等方面。这些方面在过去的几年里刚刚开始得到一些研究者的关注和研究，并取得了一些成果。但是，已有的研究工作距离问题的解决以及技术的落地还相差很远。

度量学习是机器学习研究的一个重要方向，在计算机视觉、自然语言理解、计算机听觉等方面都有过很好的研究成果，并且也有成功的应用。

本书研究开放环境下的度量学习问题，这是机器学习领域的一个重要问题。本书选题前沿，由此可以看出作者及其导师在机器学习研究方向的敏锐、远见和修养。

和封闭环境下的机器学习问题不同，开放环境下的机器学习有很多问题需要关注、研究和解决。在本书中，作者抓住实际应用场景中“输入噪声多”“训练样本少”“特征变化快”“语义表示广”等特点开展了研究工作，并取得了一系列具有很强创新性的成果。

全书结构合理，语言表达准确、规范、逻辑性强，在写作上表现出了作者认真、严谨的态度。能够使用简练的语言准确表达复杂的学术问题，表明作者具备准确把握语言的能力。

这是一本优秀的有关度量学习研究的书，值得学习和阅读。

张长水

清华大学教授

2022 年 6 月

导师序

本书的内容获得了2021年度的“CCF优秀博士学位论文奖”。作者叶翰嘉于2013年加入南京大学计算机科学与技术系机器学习与数据挖掘研究所（LAMDA），跟随本人攻读博士学位，他的主要研究方向为度量学习。他于2019年6月博士毕业，加入南京大学人工智能学院担任副研究员。

如何从数据中学习有效的度量是人工智能、机器学习的基础问题之一，有效的度量能够提升数据特征表示的能力，增强模型的效率，提升模型的性能。度量学习技术在海量单语义标注样本的条件下取得了巨大成功，但获取标注需耗费人力物力，这使得仅具有少量标注样本、具有标注噪声且囊括多样化语义的“开放环境”度量学习备受关注。而实践中基于少量标注样本的度量学习方法难以适应环境、任务的变化，如何提升度量学习的效率，增强度量学习对多样化语义的表示能力，提升度量学习对噪声的容忍性，使度量有效支撑开放环境下的机器学习应用成为重大挑战。

本人主要从事机器学习、多模态学习方面的研究，特此向各位读者推荐本书。本书对度量学习在开放环境中所面临的挑战进行了总结，提出新型度量学习方法。本书首先从理论上分析了度量学习的泛化能力，给出了更紧的理论泛化界，并受理论启发，提出了降低度量学习样本复杂度的方法；其次，本书提出了一种应用度量语义对异构模型特征进行变换的学习框架，这种自适应度量学习方法优化了异构任务中的小样本学习性能，也促进了异构模型在不同任务中的拓展；本书提出了一种利用分布扰动以适应输入特征和对象关系噪声的度量学习方法，这一容忍特征和标记噪声的度量学习方法使得所学到的度量更加稳健，一定程度上解决了度量非同分布相似性难题；最后，本书提出了适用复杂语义的多度量学习方法，突破了度量学习刻画多样化语义的瓶颈。作者在分析度量学习理论的基础上，从度量学习流程的特征输入、度量算法构建以及度量输出拓展等层面对开放环境下的度量学习进行了系统性研究。

书中对度量学习的研究也推进了度量学习方法在实际任务中的应用。例如，针对异构任务的度量学习方法和多度量拓展方案可用于样本数量少的机器学习应用场景，成功提升了模型的训练效能，如图像识别、广告推荐等；而稳健度量学习方法可应用于智能诊疗场景，例如，和传统诊疗机器的性能相比，该方法可有效辅助血液鉴别，在提升准确率的同时降低假阴性率。

作为机器学习领域的重要研究内容，度量学习方法不但增强了模型对样本相似性的刻画，而且能够抽取更有效的特征以辅助机器学习任务的完成。这几年机器学习领域在深度学习方向上掀起了研究热潮，国内也有大量研究人员跟随国外的研究热点开展研究工作，使得一些基础方向上的研究力量投入过少，从长期来看这是不利于学科的平衡发展的。叶翰嘉博士不盲目追随热点，立足度量学习这一重要且基础的分支开展了深入且系统性的研究，夯实学科根基，发展基础理论并拓展算法应用，这是非常值得推崇的。希望本书能够为度量学习甚至机器学习的研究者提供新的研究思路或启发，也希望能够吸引更多的研究者投身于度量学习研究，并将度量学习有效应用于更多实际问题中。

姜远

教授，博导

南京大学人工智能学院

计算机软件新技术国家重点实验室

2022 年 6 月

摘 要

利用对象之间的相似性关系，度量学习从样本中学到有效的特征表示，使得在该表示空间中，样本之间的距离度量能够精确反映样本之间的相似与不相似关系。有效的距离度量与表示空间极大地辅助了后续的多样化任务。在度量学习的研究中，传统的方法依赖于静态的、封闭的环境，需要无干扰、不变化的特征以及大量的训练样本，且只能处理单一的对象语义。而实际应用场景比较复杂，是开放的，并存在“输入噪声多”“训练样本少”“特征变化快”“语义表示广”等特点。本书以模型在开放环境下输入、输出层面上面临的挑战为切入点，提出了针对或利用度量学习特性的具体算法，从理论和应用等多个角度使得度量学习的研究能够契合开放的环境。本书的主要内容如下：

1）**从理论上分析了度量学习的泛化能力，并提出策略以降低其样本复杂度。**传统机器学习方法需要大量有标记的训练样本，而实际场景中，对于某些类别，考虑到样本搜集和标注的代价，我们只能获取极少量的有标记的样本。本书从目标函数性质以及度量重用两个角度进行泛化能力的理论分析，相对于以往的分析结果，提出了如何能获得更快的泛化收敛率，即如何利用更少的样本得到同样的泛化误差。同时，本书通过大量实验进行验证，说明满足理论假设时，各因素对样本复杂度的影响与理论中给出的趋势一致。

2） **提出了一种应用度量语义变换在小样本情况下应对特征变化的学习方法**。除了仅有的少量训练样本，当在开放环境下处理新的任务时，模型也会面临特征空间变化的挑战。本书利用特征之间的关联性，提出构建特征的“元表示”空间，利用在该空间中学习的度量，将已有特征空间的分类器转换到新的特征空间上，以“重用”已有的训练好的异构分类器。本书提出的 ReForm 方法降低了学习算法的样本和计算需求。值得一提的是，在 ReForm 方法重用分类器的过程中，没有历史训练数据的传输，仅需要已有的模型，这保护了不同阶段、不同任务之间数据的隐私性。

3） **提出了能够灵活挖掘并自适应利用开放环境中复杂语义的多度量学习框架**。图片、文本等对象在不同场景下往往存在丰富的语义。以往的度量学习方法只针对对象的单一语义进行建模，忽略了语义的多样性。本书提出“语义度量”这一概念以及统一的框架 UM²L，学习多个局部度量，不但能统一已有的方法，灵活挖掘出对象本身的不同语义，还能够提升后续处理众多实际问题的性能。针对度量数目的选择，本书提出了自适应的多度量学习框架 Lift，利用全局度量的辅助，动态地为不同的语义分配度量的数目。Lift 一方面可以防止模型过拟合并提升分类能力，另一方面可以降低存储开销。

4） **提出了一种利用分布扰动以适应输入特征和对象关系噪声的度量学习方法。**开放动态的环境容易受到噪声的影响。一方面，输入的样本特征容易附带噪声，导致样本特征的描述不够精确；另一方面，对象之间的关联关系可能不准确，使后续相似性的学习更加困难。针对这一难点，本书首先对样本之间的距离做概率化分析，指出上述两种噪声都来源于样本特征的扰动，并提出了一种基于“期望距离”的度量学习方法 Drift。该方法在学习过程中动态地引入噪声，有效地增广数据，使模型有更好的泛化能力。利用 Drift 学到的距离度量更加鲁棒，能够更真实地反映对象之间的关系。

关键词： 机器学习；开放环境；度量学习；多语义；多度量；鲁棒性

ABSTRACT

Metric learning generates effective representations from data to compare any two objects. Equipped with the learned feature, the similarity or distance between objects reveal their relationship. The metric or the representations facilitate the "downstream" applications a lot. In previous metric learning literature, however, most researchers focus on the stable and closed environment, which requires static features, enough training examples, and can only deal with unitary semantic. While it is the *open* environment in the real-world applications, which is characterized by "noisy inputs", "scarce examples", "changing features", and "complex semantics". In this thesis, we propose a framework follows the "input-output" perspective for the open environment, which enables the metric learning to handle complex open environment both theoretically and algorithmically. Specifically, there are four main parts of this thesis.

1) **We analyze the generalization ability of metric**

learning theoretically, and propose two strategies to reduce the training sample complexity. Classical machine learning approaches require a large number of training examples to mimic the true distribution and serves as an input to the model. In some real applications, however, the collection and labeling cost for examples should be taken into account so that only a few training examples can be used. The 3rd chapter analyzes the generalization ability of metric learning from two perspectives, i. e., the property of function and metric reuse. Compared with previous results, our analyses improve the convergence rate of the generalization gap, which indicates the model working better with a limited number of training examples. Besides, we demonstrate the influence in the theoretical results via lots of synthetic simulations.

2) **We propose a framework to bridge changing feature spaces between tasks with semantic mapping and only a small amount of training data**. In addition to the few-shot problem, to deal with a new task in the open environment, the change of the feature space also increases the difficulty of the model reuse. In the 4th chapter, we propose

to reuse the heterogeneous model via linking their feature set relationship in the "meta feature" space. In our ReForm framework, we use optimal transport to transform a well-trained heterogeneous classifier from the previous task to an effective model prior in the current task, which can be further adapted by a limited number of target examples. Two implementations with adaptive scale and tuned transformation are investigated in the experiments on various real applications. It is notable that in the whole model reuse process, no raw data from the previous task is used, which preserves the privacy among different tasks.

3) **We propose a unified framework to learn an adaptive number of multiple metrics and discover the rich semantic components from data**. Many real-world objects like images and texts contain rich semantics. Existing metric learning methods only utilize single semantic from data to measure the relationship between objects. In the 5th chapter, we first propose the concept of "semantic metric" to deal with the relationship ambiguity, and further introduce a unified multi-metric learning framework UM²L. It not only explores the rich semantics but also facilitates the downstream

applications a lot. Besides, to determine the number of metrics to cover localities and semantics, we also propose a multi-metric framework LIFT enables allocating an adaptive number of metrics. With the help of the global metric, LIFT avoids overfitting and improves the classification. Experiments on real-world problems verifies the properties of these two frameworks.

4) **We propose a method to learn robust distance metric and deals with the uncertainty in feature and label spaces by instance perturbation**. The open environment will usually be influenced by noise. First, the features will be disturbed, so that the attributes of objects will not be depicted correctly; On the other hand, the relationship between objects also exists uncertainty, some similar objects will be denoted as dissimilar ones in the dataset. In the 6th chapter, we analyze such noisy environment from a probabilistic perspective, and point out that both two variances come from the feature perturbation. Therefore, we use expected distance to measure the similarity between objects, which takes all kinds of noise distributions into consideration. In our D RIFT approach, the "helpful" noise is intelli-

gently introduced in the metric learning process to augment the dataset and improve the robustness of the learned metric. The metric learned by DRIFT has better generalization ability and reveals the true relationship between pairs of objects.

Keywords: machine learning; open environment; metric learning; multi-semantic; multi-metric; robustness

目 录

第6章　考虑噪声影响的开放环境鲁棒度量学习

第7章 总结与展望

插图索引

表格索引

第1章

绪论

1.1 引言

人工智能（Artificial Intelligence，AI）是一门研究如何使机器具有人类智能的科学，对人类智能的理论、方法、技术及应用进行研究、开发、模拟、延伸和扩展[1]。而机器学习（Machine Learning，ML）是人工智能的一种实现手段[2]，可以被定义为利用以往经验提升当前性能或做出更精确预测的计算方法[3]。人工智能和机器学习技术近年来受到广泛关注：在学术领域，多个重要会议，如国际机器学习会议（International Conference on Machine Learning，ICML）、神经网络信息系统会议（Neural Information Processing System，NeurIPS）、国际人工智能会议（International Joint Conference on Artificial Intelligence，IJCAI），参会人数逐年递增；国内外成立了多个专注于人工智能、机器学习研究的实验室，如 Google 的 DeepMind、Facebook 的 Facebook Artificial Intelligence Research

（FAIR）；国务院印发了《新一代人工智能发展规划》（国发〔2017〕35 号），并将人工智能作为我国未来发展的重大战略之一；人工智能与机器学习技术被广泛应用于工业领域，如数据挖掘[4]、计算机视觉[5]、自然语言处理[6]、智能机器人[7]等。

机器学习算法的性能在很大程度上取决于特征表示（Feature Representation）的好坏。由于机器学习方法利用数据来训练模型，因此有效的特征表示可以正确反映数据的性质或模式。数据中相似的对象应该有较为相似、接近的特征表示，而不相似的对象在特征表示上则有较大的差异。一旦特征中明确反映出数据的特性，后续的多种任务都能获得相应的辅助。例如：仅通过提供的特征即可计算出对象之间的相似度或距离，利用这种度量指标，可以通过近邻寻找的方式对未知的测试样本进行分类（k 近邻算法）；也能将类似的样本聚集为簇（KMeans 算法）。特征表示的效果也广泛地体现在实际应用中。在面临新任务时，需要进行特征工程（Feature Engineering）以抽取对数据有效的特征描述；在 Kaggle 等知名平台的竞赛中，大量的经验也表明特征对结果的影响往往比算法更重要[8-9]。

不同的领域都对如何获取有效的特征表示进行了研究。在计算机视觉领域，针对图像的不同场景和性质，研究者提出了多种不同的特征描述子，如尺度不变特征转换（Scale-Invariant

Feature Transform，SIFT）[10]、方向梯度直方图（Histogram of Oriented Gradients，HOG）[11]；在自然语言处理领域，有词袋（Bag of Word）统计词频信息，从而对每一篇文档进行描述；在音频领域，基于频谱特性，可以通过梅尔频率倒谱系数（Mel-Frequency Cepstral Coefficients，MFCC）[12] 反映语音的性质；在传统机器学习领域，有基于某些规则制定的特征选择（Feature Selection）方法，即利用预定义的或者从数据中统计得到的规则或特性对当前的特征空间进行处理，剔除冗余的特征，选出最有效的特征维度，例如有“过滤式”（Filter）、“包裹式”（Wrapper）和“嵌入式”（Embedding）方法[2]。

不同于以往的“设计”特征的方式，机器学习方法可以通过大量数据**学习**出有效的特征表示。例如：考虑到特征中可能存在噪声或冗余，“主成分分析”（Principal Component Analysis，PCA）方法着眼于数据的协方差，为已有的数据特征找到一个更紧凑的表示空间，以此完成对数据的降噪；而“鲁棒主成分分析”（Robust PCA）[13-14] 更进一步地利用了数据的低秩性和噪声的稀疏性，增强样本特征的表示能力；在自然语言处理问题中，可以利用一句话中词之间的关联性，在大量语料库的环境下学习出对每一个词的向量化表示（Word to Vector）[15]，类似的方法也能扩展为对语句[16]、文档[17]、视频[18]、社交网络节点[19] 进行向量化特征描述的提取。深度学习（Deep Learning，DL）将对特征的学习融入模型的训练过程中，实现“端到端”（End to End）的训练。从

ImageNet 竞赛的结果可以明显看出，自 2012 年使用深度学习训练进行深度特征提取后，该任务的分类性能有了阶跃式提升[20]。此后的图片分类问题基本都基于这一特征提取模式[21-22]。

1.2 度量学习简介

作为一种重要的特征表示学习方法，度量学习（Metric Learning）利用对象之间的关联关系，从数据中**学习**出能用于**度量对象之间相似性关系**的模型。广泛来说，可以认为度量学习学到了一种特征表示空间，在该表示空间中，样本之间的距离度量能反映出数据的特性，即相似的样本之间距离较小，而不相似的样本之间距离较大。度量学习在实际问题中应用广泛。除了使用已有的度量辅助近邻分类与聚类问题外，度量学习还广泛应用于以下领域：多任务学习[23]、图像检索[24-25]、人物识别[26-28]、跨领域物体识别[29]、网络关系学习[30-31]、推荐系统[32]等。度量学习方法的综述可参见文献［33-35］。

度量学习源于对对象间关系的利用，最初由 Xing 等人提出[36]，通过约束不同样本对之间的相似关系学习一种线性的距离度量方式，从而辅助样本的聚类过程。度量学习训练过程中利用的辅助信息（Side Information）是一种弱监督信息（Weak Supervision），不但在大多数情况下能够被广泛获取，而且描述了对象之间的高阶语义。例如，在社交网络中，能够很容易地确定两个用户之间是否存在好友关系或者交互记录，但是如果要定义分组，则很难将每位用户划归到某一类别。同时，在利用对象关系的过程中，度量学习能够辅助挖掘有效的对象表示，以及对象之间的语义关系，为后续任务提供帮助。

度量学习中利用的辅助信息主要有二元组（Pairwise）和三元组（Triplet）等表示形式。在一个二元组中，两个样本之间存在明确的相似或不相似关系，即“必连”（Must-link）和“勿连”（Cannot-link）[37]。大多数情况下可通过原始类别定义二元相似关系，如指定同类样本相似，而异类样本不相似。如图1.1（图片来源于文献［38］）所示，图1.1a中两张图片都表示“花”，二者相似，而图1.1b中两张图片分别为“花”和“台灯”，二者不相似。实际中有时存在二元相似关系很难界定的情况[39]。例如：图1.1a中，虽然两张图片都表示“花”，但第1张图是真实的花朵，而第2张图是灯罩上花的图案；图1.1b中虽然两张图不是同一对象，但台灯的灯罩上也有红色的花纹。在这种“模糊”的情况下，为更好地反映对象之间的相似性，我们可以在二元组中引入新的对象，构成三元组，利用两个样本对之间的比较关系，清晰地反映对象的关联性质。图1.2展示了两个三元组，前两个对象比第1、第3个对象构成的样本对更加相似。如图1.2a中，某真实拍摄的花的照片会和同样真实拍摄的花朵照片更相似，而和花纹图案不相似；图 1.2b 中比起复古台灯，花朵图案与具有花纹的台灯更相似。这种概念被用于从数据中抽取三元组关联关系[40]。三元组在文献［41-42］等提出的方法中被进一步使用，并且其泛化能力在实际算法中得到了验证。其他类型的关联关系也被用于辅助度量学习，如等式关系[43]、四元组关系[44]。

a）相似样本对

b）不相似样本对

图 1.1　二元组对象间的相似与不相似关系

a）三元组1

b）三元组2

图 1.2　对象构成的三元组的两个例子

针对学习的目标，度量学习主要通过学习对象之间的距离（Distance）或相似度（Similarity）来分析对象之间的关联、比较关系。距离和相似度是人类对对象的感知过程中极为重要的一个因素，并且很容易被用于刻画对象之间的关系。最初对度量学习的研究主要考虑线性的距离和相似度，即引入一个线性投影矩阵对数据特征进行变换，使得变换后的特征符合对象之间相似关系的要求[37,40,45]。为了扩展度量的适用范围，后续工作开始研究如何使度量空间非线性化。一个直观的思路是通过多个度量来实现，如为每一个类别分配一个线性度量矩阵[42]，甚至每一个样本都有一个特定的度量空间[46]。文献［47］通过决策树集成的方法近似得到一个非线性度量。利用深度学习提取特征的能力，可以为样本学习一个高度非线性的空间映射，并利用样本在映射之后的空间中的相关关系，指导模型学习一个有效的、复杂的距离度量[25]。

另一系列研究考虑如何在度量学习中嵌入度量的结构化先验，即如果已知特征之间存在某种相关关系，则度量矩阵也要能够反映这种结构。例如，要求度量矩阵具有较小的范数[40]，从而防止算法的过拟合；或要求度量矩阵和某个先验矩阵（如单位矩阵）尽可能一致，这一方面增强了模型的泛化能力[37,48]，另一方面也有助于重用相关任务的学习经验[49]。正则化的方式有不同的实现方法，例如：文献［50］通过将度量矩阵解释为概率分布，使用信息论的准则对度量矩阵进行约束；而文献［51-53］等工作中探讨了如何获取低秩的度量矩阵，从而使度量矩阵有较强的低维结构；文献［54-55］考虑到噪声存在的可能，从而要求度量矩阵是稀疏的，这也使得特征之间的关联关系可以是独立的；文献［56］将低秩和稀疏的性质结合在一起；在文献［57］中研究了差异化的正则方式；在文献［58-59］中对度量矩阵正则方式进行了更广泛的讨论。

1.3 开放环境的特点

在实际问题中，机器学习算法所面对的并非静态的、封闭的环境，而是“动态的”“开放的”场景，这对人工智能、机器学习算法提出了更进一步的挑战。国际人工智能大会主席 Thomas G. Dietterich 在 AAAI 2016 大会主席报告中提出需要考虑人工智能算法的鲁棒性，以应对不同的场景[60]。Zhi-Hua Zhou 提出“学件”作为机器学习研究的一个新视角[61]，使模型具有“可重用性”“可演进性”“可解释性”，从而适应不同的场合。具体而言，开放环境的难点主要体现在以下几个方面：

- **对象会受到噪声的影响**。在实际的数据搜集过程中，由于设备、人为等因素，数据的输入伴随着噪声，数据之间的关联关系也存在着因噪声引起的不确定性。在算法的训练过程中，噪声不仅干扰了真实的对象属性，还增加了计算的负担。因此在实际环境中，需要能够检测出特征中、对象关系中的噪声，对这种噪声进行消除和抵抗。一方面，在输入数据存在噪声的情况下，需要能够发现噪声可能存在的数据维度以及众多对象间关联关系中不确定的关系，从而选择出对当前学习任务有效的特征和关联关系；另一方面，在算法的训练过程中，也需要考虑到未来可能遇到的噪声，需要使用特定的策略使算法更加鲁棒，并使其能够适应未知的复杂环境。

- **可用的训练样本极少**。以往的机器学习算法要求有大量的训练数据来保证有效性，当训练数据足够多时，在训练集上的算法性能才能一致地指示其泛化能力。而在开放场景的不同任务中，我们无法获取足够的训练数据。一方面，数据的收集有一定的代价。如对于一个特定场景的人脸识别系统，工作人员无法立刻收集到足够多的人脸数据，也无法要求某位志愿者做过多的照片录入；在一个推荐系统中，对于新上架的商品，商家不可能立刻就获得足够多的用户交互数据。另一方面，即使有数据录入，数据的标注也需要代价。如在医疗问题中，如果需要标注某张医疗影像是否表示某种疾病，则需要医疗专家的介入，耗费高昂的人力和时间成本；在军事战略系统中，对于某些指定的策略，技术人员无法做更多次的模拟来进行检验。因此，开放环境下算法需要在极少量有标记数据的输入下完成模型的训练。

- **不同任务之间特征发生变化。**传统的机器学习方法要求模型处于一个封闭的特征空间中，当特征空间发生变化时，已有的训练好的模型无法继续使用。而在实际的开放场景中，不同阶段、不同任务之间，即使目标相同，特征也会随之变化。如在推荐系统中，随着时间的推移，商家会有更多的上架商品，已有的部分商品会下架，因此对某个用户的交互式描述特征也会增减；而对于某公司利用某一地区用户数据训练好的分类模型，当地域转变时，分类模型会因为用户群体的变化，需要增加或减少一批特征，这就导致原始的分类器无法继续使用。考虑到数据的隐私性，已有任务中的数据无法直接用于当前的任务中。因此，面对这种开放的环境，需要在尽可能不使用上一阶段原始数据的情况下，重用已有的训练好的模型，在新的环境下利用少量样本实现模型的快速适配。
- **对象之间的语义是多样的。**实际环境中，即使是单一的样本也会包含复杂的语义信息。如单张图片中可能有不同的物体，而单一的图片标记无法充分描述该图片的信息。如图 1.2b 中第 2 张台灯的图片，同时具有“台灯”“色彩”“花纹图案”等多个不同的语义。与此同时，对象要强调的语义信息和具体的场景有关：当该台灯图片与图 1. 2b 中第 1 张花朵图案比较时，会强调两者都具有“花”这一语义，而当其和第 3 张台灯图案比较时，会强调“台灯”这一语义。此外，对象的语义信息也会存在歧义：在一个商品搜索系统中，用户搜索的“苹果”关键词，可能存在“水果苹果”和“苹果手机”等多个相关但不相同的语义信息。模型对语义的探索也存在不确定性，对于复杂的对象，需要考虑较多的语义，而对于简单的对象，只要考虑较少的语义信息。因此在开放环境中，模型需要能够反映出对象表示的多样语义，并恰当地增减语义的数目以平衡模型的表示能力及复杂度。

1.4 开放环境的研究进展

当前关于度量学习的研究主要针对静态的环境，对于开放环境的几个要点，仅有初步的研究工作。已有的度量学习方法主要考虑两个方面的噪声：对于关联辅助信息中的噪声，已有的方法通过优化策略对二元组、三元组进行选择[62]，这一类方法虽然能取得较好的效果但一般具有较大的计算量；对于输入特征中的噪声，已有的度量学习方法通过考虑为度量矩阵增加结构化约束[54,56,59]，以学习鲁棒的度量。在样本复杂度方面，文献［35，63-64］总结了当前度量学习范型的泛化能力，证明了当前度量学习具有和监督学习一样的泛化收敛效果，这些研究虽然证明了度量学习的可学习型，但并没有指出如何提升度量学习的收敛率。对于不同特征空间的知识迁移，已有的域自适应方法[29,65-67]一般要求模型在训练过程中接触源领域的数据，这在一定程度上泄露了已有任务中数据的隐私。而通过模型进行迁移的方法[68-69]只能处理同一特征空间的模型。在多语义多度量方面，已有的方法[70-71]虽然分配了多个度量，但度量具有空间隔离性，每一个样本只有某一个度量被激活并用于关联性解释；而考虑多语义的多度量学习方法，一般无法识别出度量的差异性[39,72-73]，在某些学习到的度量空间中对象间的相似度或距离不再具有判别性。

1.5 本书概要

考虑到实际应用中开放环境的广泛存在，本书针对开放环境的特点，提出了度量学习的解决方案，使度量学习能够被应用于开放动态环境中，在一定程度上解决、辅助开放环境中的机器学习问题。本书的概要如下：

- **第 2 章**介绍度量学习算法的符号表示、背景、相关方法的实现，并概述本书的研究思路，从“输入”和“输出”两个角度尝试解决开放环境中存在的问题。
- **第 3 章**从理论层面分析度量学习的泛化能力，并根据理论结果推导出度量学习的样本复杂度，即达到同样的泛化误差对训练样本的需求。在理论分析中，本书分析推导出比现有理论更快的泛化收敛能力，并指示出何种方式能够降低度量学习对样本数目的需求。在实验部分，本书验证了理论的有效性，并针对理论中存在的多个影响因素进行了分析。

- **第 4 章**提出一种能够在小样本情况下应对特征空间变化的方法 ReForm，从而重用相关特征空间中训练好的模型，极大限度地降低了当前任务的计算开销。ReForm 方法主要分为两个阶段：①利用两个不同特征空间中特征的关联关系以及特征“元空间”的距离度量学习特征的映射；②将原始问题中的分类器映射到当前的空间中。这一方法被用于解决开放环境下的多个实际问题，如文本分类和商品推荐。
- **第 5 章**提出统一的多度量学习框架 UM²L 以解决多样化的对象语义。该算法框架能够统一已有的度量学习方法，并能灵活地应用于不同的场景，表示对象之间复杂的关联关系。此外，本章还提出自适应的多度量学习框架 Lift，用于解决学习多个度量时度量和语义的分配问题。该方法使模型能够辨识并动态地产生度量表示，且每一个度量对应一种语义。实验结果论证了两种框架各自的属性，以及在开放环境中解决实际问题的能力。
- **第 6 章**针对环境中可能存在的噪声提出通用的解决方

案。本章首先分析如何在存在噪声的情况下计算样本之间的距离，并将距离看作一种随机变量。通过这种视角，我们能够将样本关系间存在的噪声归因于样本特征上的噪声。本章提出 DRIFT 方法，学习一个度量空间，优化样本之间的期望距离。该方法相当于在度量的学习过程中对每一个样本“个性化”地增加噪声，从而使最终获得的距离度量更加鲁棒，以适应开放环境。

- **第 7 章**从多个角度总结本书中提出的方法以及做出的贡献，并对开放动态环境中可能存在的其他问题进行讨论。

第2章

度量学习研究进展

2.1 监督学习

监督学习是机器学习中的一个经典问题，利用有标记的训练数据学习分类器。在监督学习中，定义训练集包含N个样本，表示为$\{\boldsymbol{z}_i=(\boldsymbol{x}_i,\boldsymbol{y}_i)\}_{i=1}^N$。对于任意样本$\boldsymbol{z}_i$，样例$\boldsymbol{x}_i\in\mathbb{R}^d$为$d$维向量，从空间$\mathcal{X}$中抽取；而标记$\boldsymbol{y}_i\in\{0,1\}^C$为$C$维由$\{0,1\}$构成的向量，从空间$\mathcal{Y}$中抽取。数据中共包含$C$个类别，如果样例$\boldsymbol{x}_i$对应的类别为$c$，则$\boldsymbol{y}_i$中第$c$维为1，其他维均为0。将特征空间$\mathcal{X}$和$\mathcal{Y}$的联合空间定义为$\mathcal{Z}$，且有$z_i\sim\mathcal{Z}$，符号“$\sim$”表示抽样的过程[⊖]。

监督学习的目标是通过N个样例获取从样例到标记的映

⊖ “样例”指代某对象特征的向量表示，“样本”指代对象特征的标签的集合。在无特指的情况下，本书将二者混合使用。

射。假设存在某一个映射 f: $\mathbb{R}^d \to \mathbb{R}^C$ 将样例从特征空间 $\mathcal{X}$ 映射到类别空间 $\mathcal{Y}$，则 f 可以通过如下目标函数进行学习：

$$\min_f \underbrace{\frac{1}{N}\sum_{i=1}^{N} \ell(f(\boldsymbol{x}_i), \boldsymbol{y}_i)}_{\epsilon_N(f)} + \Omega(f) \tag{2.1}$$

其中，非负损失函数 $\ell(\cdot, \cdot)$：$\mathbb{R}^C \times \mathbb{R}^C \to \mathbb{R}$ 刻画了预测结果 $f(\boldsymbol{x}_i)$ 和真实标记 $\boldsymbol{y}_i$ 之间的偏差所产生的代价，该偏差越小越好。$\Omega(\cdot)$ 定义了一种正则项，用于约束映射 f 的结构化信息。将 N 个样本的损失均值定义为经验误差 $\epsilon_N(f)$，下标 N 表示该误差由 N 个样本计算得出。模型通过在训练数据集上优化损失函数，以期望能够在服从同一分布的未知样本中取得好的预测效果。

对于映射 f，一个直接的方案是使用线性映射 $\boldsymbol{W} \in \mathbb{R}^{d \times C}$ 进行实现。线性分类器 $\boldsymbol{W} = [\boldsymbol{w}_1, \cdots, \boldsymbol{w}_C]$，其中每一列 $\boldsymbol{w}_c \in \mathbb{R}^d$ 对应第 c 类的分类器，而 $\boldsymbol{w}_c^{\mathrm{T}}\boldsymbol{x}_i = \langle \boldsymbol{w}_c, \boldsymbol{x}_i \rangle \in \mathbb{R}$ 表示当前样例针对第 c 类的置信度。损失函数有多种不同的实现方法，例如考虑平方损失（Square Loss）函数：

$$\ell(\boldsymbol{W}^{\mathrm{T}}\boldsymbol{x}_i, \boldsymbol{y}_i) = \|\boldsymbol{W}^{\mathrm{T}}\boldsymbol{x}_i - \boldsymbol{y}_i\|_F^2 \tag{2.2}$$

其中，$\|\boldsymbol{A}\|_F^2 = \mathrm{Tr}(\boldsymbol{A}\boldsymbol{A}^{\mathrm{T}}) = \langle \boldsymbol{A}, \boldsymbol{A} \rangle$，为矩阵 $\boldsymbol{A}$ 的 Frobenius 范数（简称 F 范数）的平方。F 范数的平方经常直接用于 $\boldsymbol{W}$ 作为正则项。此外，我们也可以考虑将样例预测的置信度转化为概率，利用最大似然的方法推导出损失函数，即如下的交叉熵损失（Cross Entropy）：

$$\ell(\boldsymbol{W}^{\mathrm{T}}\boldsymbol{x}_i,\boldsymbol{y}_i)=\sum_{c=1}^{C} y_c \log \frac{\exp(\boldsymbol{w}_c^{\mathrm{T}}\boldsymbol{x}_i)}{\exp(\sum_{c'}\boldsymbol{w}_{c'}^{\mathrm{T}}\boldsymbol{x}_i)} \tag{2.3}$$

交叉熵由于对样本的预测值尺度控制得较好，因此被广泛应用于深度神经网络的训练中[5]。

对于 d 维向量 $\boldsymbol{x}$，定义向量的 ℓ_1 范数 $\|\boldsymbol{x}\|_1$ 为向量各维度元素绝对值之和；而 ℓ_2 范数为 $\|\boldsymbol{x}\|_2=\sqrt{\boldsymbol{x}^{\mathrm{T}}\boldsymbol{x}}=\sqrt{\langle\boldsymbol{x},\boldsymbol{x}\rangle}$。对于某矩阵 $\boldsymbol{A}\in\mathbb{R}^{d\times d'}$，使用 $\mathrm{Tr}(\boldsymbol{A})$ 表示矩阵的迹。矩阵的 ℓ_1 范数 $\|\boldsymbol{A}\|_1$ 为矩阵 $\boldsymbol{A}$ 中所有元素绝对值之和；而核范数（Nuclear Norm）$\|\boldsymbol{A}\|_*$ 为矩阵 $\boldsymbol{A}$ 的所有奇异值之和。由于矩阵的秩是矩阵中非零奇异值的个数，因此一般使用核范数作为矩阵秩的估计。文献［13］中证明了矩阵的核范数是矩阵秩的最紧凸近似。我们也可以定义矩阵 $\boldsymbol{A}$ 的 $\ell_{2,1}$ 范数：

$$\|\boldsymbol{A}\|_{2,1}=\sum_{d'=1}^{d}\|\boldsymbol{A}_{d',:}\|_2 \tag{2.4}$$

即为矩阵每一行向量的 ℓ_2 范数之和。这里使用 $\boldsymbol{A}_{d':}$ 表示矩阵的第 d'行，同理，使用 $\boldsymbol{A}_{:,d'}$ 表示矩阵的第 d'列。定义 $\mathcal{S}_d$ 为 $d\times d$ 大小对称矩阵的集合，而 $\mathcal{S}_d^+$ 为 $d\times d$ 大小半正定矩阵的集合。符号 $\boldsymbol{I}$ 表示单位矩阵，其大小一般可以通过上下文确定。$\mathrm{diag}(\cdot)$ 为对角化算子。约定当输入为向量时，输出以该向量作为对角线的对角矩阵，而当输入为方阵时，返回该矩阵的对角线向量。令 $[\boldsymbol{x}]_+=\max(\boldsymbol{x},0)$，即保留非负的元素值。

2.2 度量学习

2.2.1 距离度量

不同于上述学习策略考虑某个样例和标记之间的映射，度量学习关注样例之间的相关关系。样例之间的联系可以使用不同方式进行度量。给定一对样例（$\boldsymbol{x}_i,\boldsymbol{x}_j$），样例之间的欧式距离（Euclidean Distance）被定义为

$$\begin{aligned}\mathrm{Dis}_{\boldsymbol{I}}(\boldsymbol{x}_i,\boldsymbol{x}_j)&=\sqrt{(\boldsymbol{x}_i-\boldsymbol{x}_j)^{\mathrm{T}}(\boldsymbol{x}_i-\boldsymbol{x}_j)}\\&=\sqrt{\sum_{d'=1}^{d}(\boldsymbol{x}_{i,d'}-\boldsymbol{x}_{j,d'})^2}\end{aligned} \tag{2.5}$$

即两个向量对应维度元素差的平方和。欧氏距离认为不同特征的重要性相同，且不同特征之间是独立的。这一点假设在大多数情况下并不成立。样例的多维特征会存在相关性和差异性。如描述某个用户的行为，可以考虑用户在不同时间段对商品的点击率，而由于时间段不同，往往点击率的比重也不同。如果需要强调越临近的时间段的统计量更加重要，欧氏距离就无法反映这一性质，因此，往往使用更加通用的马氏距离（Mahalanobis Distance）度量两个样本之间的差异性：

$$\mathrm{Dis}_{\boldsymbol{M}}(\boldsymbol{x}_i,\boldsymbol{x}_j)=\sqrt{(\boldsymbol{x}_i-\boldsymbol{x}_j)^{\mathrm{T}}\boldsymbol{M}(\boldsymbol{x}_i-\boldsymbol{x}_j)} \tag{2.6}$$

其中，$\boldsymbol{M}\in\mathcal{S}_d^+$ 为 $d\times d$ 大小的半正定矩阵，反映了 d 维特征的

权重以及特征之间的关联性。可以看出，当 $\boldsymbol{M}=\boldsymbol{I}$ 时，马氏距离退化为欧氏距离。假设有投影矩阵 $\boldsymbol{L}\in\mathbb{R}^{d\times d'}$，且有 $\boldsymbol{L}\boldsymbol{L}^{\mathrm{T}}=\boldsymbol{M}$，则马氏距离可以被表示为

$$\begin{aligned}\mathrm{Dis}_{L}(\boldsymbol{x}_i,\boldsymbol{x}_j)&=\sqrt{(\boldsymbol{x}_i-\boldsymbol{x}_j)^{\mathrm{T}}\boldsymbol{L}\boldsymbol{L}^{\mathrm{T}}(\boldsymbol{x}_i-\boldsymbol{x}_j)}\\&=\sqrt{\|\boldsymbol{L}^{\mathrm{T}}(\boldsymbol{x}_i-\boldsymbol{x}_j)\|_F^2}\end{aligned}\tag{2.7}$$

因此，马氏距离可以看作在使用 $\boldsymbol{L}$ 对原始空间进行投影之后，在新空间中使用欧氏距离对样本关系进行度量。实际算法中，考虑到优化的性质，也常使用平方之后的马氏距离，标记为 $\mathrm{Dis}_{\boldsymbol{M}}^2(\boldsymbol{x}_i,\boldsymbol{x}_j)$ 或 $\mathrm{Dis}_{L}^2(\boldsymbol{x}_i,\boldsymbol{x}_j)$。由于距离是非负的，因此平方之后并不会影响对象之间的相对距离关系。

某个空间中的度量是使用距离函数定义的。对于空间中任意的 $\boldsymbol{x}_i$、$\boldsymbol{x}_j$、$\boldsymbol{x}_l$，距离函数需要满足如下 4 个性质：

- **非负性**：$\mathrm{Dis}(\boldsymbol{x}_i,\boldsymbol{x}_j)\geqslant 0$。
- **自反性**：当且仅当 $\boldsymbol{x}_i=\boldsymbol{x}_j$ 时，$\mathrm{Dis}(\boldsymbol{x}_i,\boldsymbol{x}_j)=0$。
- **对称性**：$\mathrm{Dis}(\boldsymbol{x}_i,\boldsymbol{x}_j)=\mathrm{Dis}(\boldsymbol{x}_j,\boldsymbol{x}_i)$。
- **满足三角不等式**：$\mathrm{Dis}(\boldsymbol{x}_i,\boldsymbol{x}_l)\leqslant\mathrm{Dis}(\boldsymbol{x}_i,\boldsymbol{x}_j)+\mathrm{Dis}(\boldsymbol{x}_j,\boldsymbol{x}_l)$。

从上述性质可以看出，由于马氏距离中的度量矩阵 $\boldsymbol{M}$ 是半正定的，并不满足“自反性”，因此基于马氏距离学习的距离度量也被称为“伪距离度量”（Pseudo Metric）[42]。在后文中若无特指，“距离度量”都指代这种由马氏距离引入的度量。

度量对象之间相关性的方法除了使用距离，还可以使用

相似度。相比距离，一般相似度的定义条件更加宽松，如余弦相似度（Cosine Similarity）可定义为

$$\mathrm{Sim}(\boldsymbol{x}_i,\boldsymbol{x}_j)=\frac{\langle\boldsymbol{x}_i,\boldsymbol{x}_j\rangle}{\|\boldsymbol{x}_i\|\|\boldsymbol{x}_j\|} \tag{2.8}$$

即归一化之后两个向量的内积（余弦值）。有时也直接用未归一化向量的内积作为一种相似度的度量方式。在监督学习的例子中，计算样本 $\boldsymbol{x}_i$ 数据第 c 类的置信度 $\boldsymbol{w}_c^{\mathrm{T}}\boldsymbol{x}_i$ 可看作计算样本 $\boldsymbol{x}_i$ 和第 c 类类别中心表示（Prototype）$\boldsymbol{w}_c$ 之间的相似度，而损失函数则要求样例和对应类别的类别特征尽可能相似。同理，这种基于内积的相似度度量也可以泛化，即 $\mathrm{Sim}_{\boldsymbol{M}}(\boldsymbol{x}_i,\boldsymbol{x}_j)=\boldsymbol{x}_i^{\mathrm{T}}\boldsymbol{M}\boldsymbol{x}_j$。

2.2.2 度量学习的学习目标

度量学习考虑利用训练数据学习出有效且合适的距离或相似度。不同于传统的监督学习，度量学习考虑利用**弱监督信息**，即样本对的关联关系进行学习。这种不同于类别标记的关系为学习提供了“关联辅助信息”（Side Information），而度量学习预期获得一种距离或相似性度量，使基于该度量，相似样本之间的距离较小，而不相似样本之间的距离较大。

关联辅助信息具有不同的形式，最常用的有二元组（Pairwise）信息和三元组（Triplet）信息。二元组信息的形式表示为样本索引集合 $\mathcal{P}$，$\mathcal{P}$ 中任意一个元素 $\tau=(i,j)$ 包含

一对样本的索引 i 和 j。使用 $q_{ij}=\mathbb{I}[\boldsymbol{y}_i=\boldsymbol{y}_j]\in\{-1,1\}$ 表示两个样例是否相似（类别是否相同）$\mathbb{I}[\cdot]$ 为指示函数，当输入条件为真时，函数输出 1，否则输出-1。如果样例 $\boldsymbol{x}_i$ 与 $\boldsymbol{x}_j$ 相似，则 q_{ij} 为 1，否则为-1。同样，对于三元组信息，索引集合记为 $\mathcal{T}$，其中每一个三元组记为 $\tau=(i,j,l)$，并表示两个样本对之间的关系。其中，对于参考样例 $\boldsymbol{x}_i$，其目标近邻（Target Neighbor）为 $\boldsymbol{x}_j$，而不相似对象（Imposter）为 $\boldsymbol{x}_l$。此时 τ 定义了 3 个样本之间的距离比较关系，相比于 $\boldsymbol{x}_l$,$\boldsymbol{x}_i$ 和 $\boldsymbol{x}_j$ 更加相似。使用符号$(i,j)\sim\mathcal{P}$和$(i,j,l)\sim\mathcal{T}$表示从二元组或三元组集合中进行了一次元素索引的抽取。标记集合 $\mathcal{P}$、$\mathcal{T}$ 中元素的数目分别为 P 和 T。

利用关联辅助信息，可以通过训练数据对距离度量进行学习。以马氏距离度量矩阵 $\boldsymbol{M}$ 的学习过程为例，当利用二元组信息时，目标函数为

$$\min_{\boldsymbol{M}\succeq 0}\frac{1}{P}\sum_{(i,j)\sim\mathcal{P}}\ell(q_{ij}(\gamma-\mathrm{Dis}_{\boldsymbol{M}}^2(\boldsymbol{x}_i,\boldsymbol{x}_j)))+\Omega(\boldsymbol{M}) \tag{2.9}$$

式（2.9）中，γ 为非负阈值，ℓ 为标量输入的损失函数。例如考虑损失函数 $\ell=[1-x]_+$，则通过优化上述目标，可以使得相似样例的距离尽可能小于 $\gamma-1$，而不相似样例之间的距离尽可能大于 $\gamma+1$，从而达到相似样例的距离小，而不相似样例的距离大的目的。由于距离非负，因此考虑到优化的简便性，目标函数中一般优化马氏距离的平方。约束条件 $\boldsymbol{M}\succeq 0$ 要求矩阵 $\boldsymbol{M}$ 半正定。

对于三元组信息，则优化如下目标函数：

$$\min_{M\geq 0}\frac{1}{T}\sum_{(i,j,l)\sim T}\ell((\mathrm{Dis}_{M}^{2}(\boldsymbol{x}_i,\boldsymbol{x}_l)-\mathrm{Dis}_{M}^{2}(\boldsymbol{x}_i,\boldsymbol{x}_j))+\Omega(\boldsymbol{M}) \tag{2.10}$$

通过式（2.10）的优化，（$\boldsymbol{x}_i,\boldsymbol{x}_k$）的距离会比($\boldsymbol{x}_i,\boldsymbol{x}_j$）大。文献［41］中考虑使用 $\ell=[1-x]_+$作为损失函数，使得不相似的样本之间的距离不但要比对应的相似样本的距离大，同时还要保持一个间隔（Margin），这在实际应用中能保证度量空间有更好的类别结构信息，并增强模型的泛化能力。

2.2.3 度量学习算法评测

由于度量学习在学习过程中可以使相似的样本之间距离小，而不相似的样本之间距离大，因此度量学习算法中大多使用基于所学距离/相似度的 k 近邻算法进行评测，即对于任意的测试样本，基于学到的距离度量，计算该样本与所有训练样本之间的距离，对其中最近的 k 个样本进行投票，并对该样本进行预测。

考虑到马氏距离计算的复杂性，当进行马氏距离度量学习时，应首先对其进行分解，利用投影后的欧氏距离简化马氏距离的计算，例如对马氏距离度量半正定矩阵 $\boldsymbol{M}$ 进行特征值分解（Eigen-Decomposition）$\boldsymbol{M}=\boldsymbol{U}\boldsymbol{V}\boldsymbol{U}^{\mathrm{T}}$。其中 $\boldsymbol{U}$ 为特征向量组成的正交矩阵，而 $\boldsymbol{V}$ 是由特征值构成的对角矩阵，且所有元素均非负。令 $\boldsymbol{V}^{\frac{1}{2}}$ 表示对所有元素做开方，可以得到投

影矩阵 $\boldsymbol{L}=\boldsymbol{U}\boldsymbol{V}^{\frac{1}{2}}$ 且 $\boldsymbol{L}\boldsymbol{L}^{\mathrm{T}}=\boldsymbol{M}$。因此，对于训练和测试样本先使用 $\boldsymbol{L}$ 进行投影，然后在投影后的空间中使用欧氏距离实现 k 近邻，能够极大程度地减轻计算负担。

在深度度量学习的任务中[74-77]，也会使用聚类和检索的指标对学到的度量表示空间进行评测，如规范化互信息（Normalized Mutual Information，NMI）和 k 位召回率（Recall@k）。

2.3 度量学习的相关算法

本节主要介绍度量学习中有代表性的经典算法。在后面的章节中，部分算法会作为对比算法出现。本节首先介绍全局度量的学习方法，其次介绍多度量的学习方法，最后介绍高效度量学习方法。

2.3.1 全局度量学习方法

全局度量学习方法学习一个适用于所有样本的距离度量。针对二元组关联辅助信息，文献［37］提出了一种基于信息论的度量学习方法 ITML（Information-Theoretic Metric Learning)，在优化过程中，约束度量矩阵和单位矩阵相似：

$$\min_{\boldsymbol{M}\succeq 0}\frac{1}{P}\sum_{(i,j)\sim\mathcal{P}}\ell(q_{ij}(\gamma_{q_{ij}}-\mathrm{Dis}_{\boldsymbol{M}}^{2}(\boldsymbol{x}_i,\boldsymbol{x}_j)))+\lambda\mathrm{KLD}(\boldsymbol{M},\boldsymbol{M}_0) \quad (2.11)$$

$$\mathrm{KLD}(\boldsymbol{M},\boldsymbol{M}_0)=\mathrm{Tr}(\boldsymbol{M}\boldsymbol{M}_0^{-1})-\log\det(\boldsymbol{M}\boldsymbol{M}_0^{-1})-d$$

在 ITML 中，相似和不相似的样本使用了不同阈值 $\gamma_{\pm1}$，同时，也引入了基于信息论的度量矩阵正则项。该正则项要求度量矩阵 $\boldsymbol{M}$ 和某先验矩阵 $\boldsymbol{M}_0$（例如单位矩阵 $\boldsymbol{I}$）接近。KLD 来源于两个高斯分布之间的 KL 散度（Kullback-Leibler Divergence）。$\lambda \geqslant 0$ 为非负的权重参数。文献［37］将同类样本视作近邻，而将异类样本视作非近邻，并使用一种在线的算法对 $\boldsymbol{M}$ 进行求解。

LMNN（Large Margin Nearest Neighbor，大间隔最近邻）[41-42] 使用三元组信息，优化了以下目标函数：

$$\min_{M\succeq 0} \frac{1}{T} \sum_{(i,j,l)\sim\mathcal{T}} \left[1-\mathrm{Dis}_{\boldsymbol{M}}^{2}(\boldsymbol{x}_i,\boldsymbol{x}_l)+\mathrm{Dis}_{\boldsymbol{M}}^{2}(\boldsymbol{x}_i,\boldsymbol{x}_j)\right]_{+}+\lambda \sum_{(i,j)\sim\mathcal{P}} \mathrm{Dis}_{\boldsymbol{M}}^{2}(\boldsymbol{x}_i,\boldsymbol{x}_j) \tag{2.12}$$

LMNN 一方面要求相似的样本之间距离尽可能小，另一方面要求三元组内部的距离满足要求。使用铰链损失，能够增强度量的泛化能力。LMNN 文献中首次提出使用同类**近邻**作为相似样本，而使用异类**近邻**作为不相似的样本。在构建辅助信息时，使用欧氏距离计算同类、异类近邻。这种辅助信息的构建方法能够保持较好的结构信息。文献［41］最初使用半正定规划的方法对目标函数进行求解，而在后续的改进中，文献［42］使用次梯度下降，对求解过程进行加速。

2.3.2 多度量学习方法

由于基于马氏距离的度量学习本身可以看作在使用投影

矩阵 $\boldsymbol{L}$ 进行线性变换之后使用欧氏距离度量样本间的关系，因此，其学到的特征表示和原始表示相比呈一种线性变换关系。为了构建非线性的度量，可以在空间中使用多个度量，不同的局部区域使用不同的度量以度量距离。相比于全局度量学习与非线性树形、深度度量学习，这种方式可以在计算复杂度和模型表示程度之间进行权衡。

如文献［42］提出了 LMNN 的多度量扩展，针对每一个簇学习一个度量，在有新样本时使用训练集中所有样本隶属类别的度量计算对应的距离以进行评测。具体而言，对于样本对（$\boldsymbol{x}_i, \boldsymbol{x}_j$），假设其对应的度量为使用样例 $\boldsymbol{x}_j$ 的标签 $\boldsymbol{y}_j$ 所指示的度量 $\boldsymbol{M}_{\boldsymbol{y}_j}$：

$$\min \frac{1}{T}\sum_{(i,j,l)\sim\mathcal{T}}\left[1-\mathrm{Dis}^2_{\boldsymbol{M}_{\boldsymbol{y}_l}}(\boldsymbol{x}_i,\boldsymbol{x}_l)+\mathrm{Dis}^2_{\boldsymbol{M}_{\boldsymbol{y}_j}}(\boldsymbol{x}_i,\boldsymbol{x}_j)\right]_+ + \lambda\sum_{(i,j)\sim\mathcal{P}}\mathrm{Dis}^2_{\boldsymbol{M}_{\boldsymbol{y}_j}}(\boldsymbol{x}_i,\boldsymbol{x}_j) \tag{2.13}$$

多度量的方案也能够扩展为对每一个样本学习一个度量，但这种方式往往需要在训练过程中包含所有（无标记的）测试样本，增加了模型的复杂度并容易过拟合[46]。文献［71］中提出一种稀疏组合度量学习（Sparse Compositional Metric Learning，SCML），即通过训练数据预先生成一组基矩阵，并假设多个度量矩阵均通过这组基矩阵非负加权求和构成。SCML 在不同局部区域的样本和对应基的系数之间建立不同的参数化映射，通过优化参数映射的系数使得不同的

样本具有不同的度量，并能够确定新样本的度量。鉴于参数化映射无法适用于所有情况，且预生成的基矩阵无法有效反映数据的性质，文献［78］提出了样本特定子空间学习（Instance Specific METric Subspace，IsMETS），利用贝叶斯方式为每一个样本构建子空间。某个样例 $\boldsymbol{x}_i$ 在度量矩阵 $\boldsymbol{M}_{\boldsymbol{y}_i}$ 与其余 $N-1$ 个样例的集合 $\boldsymbol{x}_{-i}$ 下产生的概率可定义为 $\frac{1}{N-1}\sum_{j\neq i}\mathcal{N}(\boldsymbol{x}_i|\boldsymbol{x}_j,\boldsymbol{M}_{\boldsymbol{y}_i}^{-1})$，即样本度量的选择可以放置在对应度量产生的特定子空间中，并用高斯分布 $\mathcal{N}$ 进行刻画。对子空间的选择可以使用多项分布进行描述，即可得到样例在局部度量集合和子空间指示变量下的条件分布。最终可通过变分的方式推断出每个样本的度量分布。对于新的样本，也可以使用类似的方式进行推断。

2.3.3 高效度量学习方法

由于度量学习使用“样本对”指导模型训练，因此当样本数目很大时，针对样本对的关联关系优化会产生巨大的计算开销。考虑到大量的样本对，一般会使用随机优化的方法，每次抽取一个样本对进行优化[79]。文献［80］也提出过利用类别中心的方法，使样本接近对应的聚类中心来减少约束数目。除了样本对等约束的数目，度量学习的优化问题也要考虑特征维度。考虑到特征之间的关系，一般优化的度量矩阵都是特征维度的平方级别。除了使用投影替代度量矩阵，也可以在矩阵上附加低秩约束来减轻计算负担[81]；或使用稀疏假设，在优化过程中增进式地学习各个元素[54-55]。

文献［82］提出了特征感知度量学习（Feature Aware Metric Learning），将度量矩阵分解为对角矩阵（Diagonal Matrix）和完整矩阵（Full Matrix），即令 $\boldsymbol{M}=\mathrm{diag}(\boldsymbol{w})\hat{\boldsymbol{M}}\mathrm{diag}(\boldsymbol{w})$，目标函数为

$$\min_{M\geq 0,\boldsymbol{w}} \frac{1}{T}\sum_{(i,j,l)\sim T}\ell((\mathrm{Dis}_{\boldsymbol{M}}^2(\boldsymbol{x}_i,\boldsymbol{x}_l)-\mathrm{Dis}_{\boldsymbol{M}}^2(\boldsymbol{x}_i,\boldsymbol{x}_j))+ \\ \lambda_1\Omega(\hat{\boldsymbol{M}})+\lambda_2\|\boldsymbol{w}\|_1 \tag{2.14}$$

其中对角矩阵中的向量 $\boldsymbol{w}$ 为各特征的权重，假设其为稀疏，用于选择特征；而完整矩阵 $\hat{\boldsymbol{M}}$ 用于刻画特征之间的相关性。为 $\hat{\boldsymbol{M}}$ 施加不同的正则项，可以使得度量 $\boldsymbol{M}$ 具有不同的结构性质。如当 $\Omega(\hat{\boldsymbol{M}})=\|\hat{\boldsymbol{M}}\|_*$ 为核范数时，最终的度量为分块对角矩阵。在优化过程中，使用迭代方法求解，当对角矩阵选择出合适的特征之后，在后续过程中只要关注剩余部分的特征即可，因此降低了整个优化过程的计算负担。同时，由于在度量学习过程中考虑了特征选择，因此，该方法也能够识别出特征中存在的噪声，在一定程度上增强了模型的鲁棒性。

2.4 开放环境下度量学习的研究思路

与封闭环境下的学习算法不同，在开放环境中，模型会

受到来自不同方面的影响和挑战。模型和外界环境的接触主要表现在其“输入”和“输出”上，本书依照这一角度，从“模型输入”和“模型输出”两个层面，分别分析了度量学习在开放环境下面临的挑战，并针对性地提出理论保证、算法框架以及实际应用的解决方案，使得度量学习能够用于开放环境中。主要思路如图 2.1 所示。

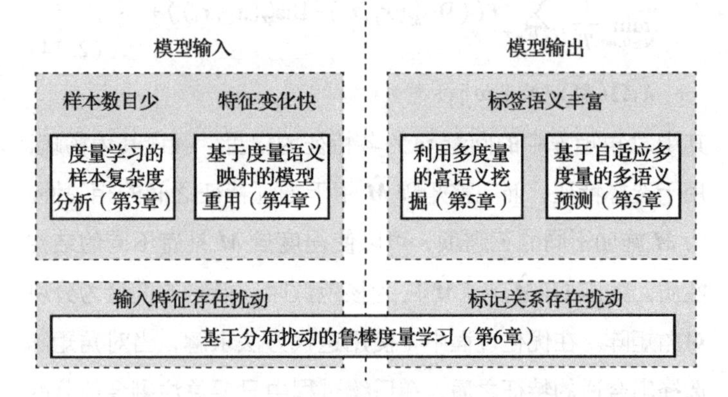

图 2.1　开放环境下存在的问题以及度量学习的相应解决方法

作为模型输入的训练数据的主要特性体现在训练数据的样本数目以及数据的特征维度上。在开放环境中，如第 1 章所述，某些任务只有少量的训练数据，任务之间的特征空间也会发生变化。针对“样本数目少”这一问题，本书首先分析度量学习的样本复杂度（第 3 章），证明了优化经验损失的同时能够保证度量学习的泛化能力，其次从理论上获知度量学习的训练需要何种量级的训练数据。依照理论的指示，可以从两个方面降低度量学习对样本数目的需求。一方面，可以从模型算法本身考虑，利用有较好性质的目标函数（如强凸目标函数、平滑损失函数），能够极大限度地降低模型对样本的依赖；另一方面，可以重用相似任务的已有度量矩阵，使用已有的度量作为正则，当已有度量和当前任务的真实度量较为接近时，同样能够仅通过少量的训练数据获得有效的模型。这种性质能够用于指导开放环境下的度量学习。

而从模型输入特征维度的角度考虑，在不同的任务之间，特征的空间可能发生变化。已有的模型依赖于对已有特征的预测，无法直接用于当前的问题中。与此同时，在新的任务中，通常也只有少量的训练样本。基于第 3 章的分析，在第 4 章中，本书提出了针对特征空间变化的模型重用框架，使用度量语义映射的策略，将不同特征空间中的模型进行对齐，并基于已分析的模型重用理论，根据映射后的模型寻找当前模型的解。这种模型重用框架能够在当前任务具有不同数目的训练样本以及当前任务与已有任务具有不同程度的特征重叠时都展现出较好的效果。

模型的输出是对象的标记空间。在度量学习中，对象的标记不仅涉及某个特定的对象，还涉及对象之间的关系。在开放环境下，对象本身以及对象之间的关系都是多样化的。对象可能包含多种语义，而对象之间的相似性也会有多种可能。针对这种复杂的语义，在第 5 章中，本书提出了一种通用的多度量学习方法，学习多个“语义度量”，分别表示对象所包含的语义信息。通过灵活的算子，该方法能够挖掘对象间模糊的语义信息；此外，在第5章中，本书还探讨了如何在具有多个度量的情况下，自适应地选择度量，使得模型能够避免过多或过少地分配语义成分。

在开放环境中也需要考虑噪声对模型的影响。从输入层面来说，噪声会干扰数据的特征，使得特征中存在冗余或错误；而从输出层面来说，噪声的干扰会导致对象之间的关系存在不确定性。在第6章中，本书针对噪声这一在开放环境中普遍存在的问题进行探讨，通过样本的概率扰动分析，提出了利用样本扰动同时应对输入输出噪声的度量学习方法。该方法通过优化特定分布下的期望距离，学到鲁棒的度量，从而能够应用于开放的环境中。

第 3 章

开放环境下度量学习的样本复杂度分析

3.1 引言

度量学习考虑如何利用样本之间的关联关系学习有效的距离度量，使得在利用该度量的空间中，相似的样本之间距离较小，而不相似的样本之间距离较大。为了获得足够好的度量矩阵，在训练过程中，需要提供**足够多**的样本，以及足够多的样本间的关联辅助关系。类似于传统监督学习中利用足够多的样本和标签以学习映射，在度量学习中，足够多的训练样本以及辅助信息能够充分反映出**样例本身**的性质，以及**样例之间**的真实关联关系。大多数关联辅助信息考虑对象之间的二元组或三元组的形式。在一个包含 N 个样本的数据集中，二元组的数量级为 $\mathcal{O}(N^2)$，而三元组的数量级达到 $\mathcal{O}(N^3)$。在固定的、封闭的环境中，容易收集大量的训练样本；而在开放环境中，对于一个训练任务，往往只有很少量的有标记训练样本。因此，度量学习需要能够在**少量训练样本**下学到有效的距离度量。本章从理论的角度分析度量学习的泛化能力，通过观察影响泛化能力的因素，探究如何能够在度量学习的问题中减少对训练样本的需求。

在度量学习理论分析中，一般使用样本的类别信息来标注样本之间的关联关系，例如，标记同类的样本为相似的样本，而标记异类的样本为不相似的样本。在此设定上，度量学习的理论研究关注度量学习是否有泛化能力，即通过优化训练集上的目标函数获得的度量矩阵是否能为训练集样本找到较好的投影空间，但也需要保证其对从同一分布采样的未知的测试样本也能起到较好的度量作用。值得注意的是，度量学习的理论分析也体现出对样本复杂度的需求，即需要多少样本才能使训练和测试误差达到要求。

对于监督学习问题有较多的理论分析结果[3]，而度量学习理论问题的难点在于要考虑**样本对**之间的关联关系。在学习过程中，虽然输入的样本之间是独立同分布的（Independent and Identically Distributed，IID），但由于度量学习专注于样本对之间的关系，样本对之间并非独立同分布的，因此大多数传统的分析方法并不能直接使用。文献［35，58］等对度量学习进行理论分析，提出使用 U-统计量（U-Statistics）[83]对样本对之间的关系进行统计分析，使得传统监督学习的一些结论在度量学习的领域中也有相应的体现。

假设从分布 $\mathcal{Z}$ 中独立同分布地抽样 N 个样本 $\{z_i=(\boldsymbol{x}_i,y_i)\}_{i=1}^N$ 构成训练集，则马氏度量矩阵 $\boldsymbol{M}$ 可以通过如下目标函数获得：

$$\begin{aligned}\hat{\boldsymbol{M}}&=\underset{\boldsymbol{M}\in\mathcal{S}_D^+}{\arg\min}\hat{F}(\boldsymbol{M})\\&=\underset{\boldsymbol{M}\in\mathcal{S}_D^+}{\arg\min}\underbrace{\frac{1}{N(N-1)}\sum_{i=1}^{N}\sum_{j=1,j\neq i}^{N}\ell(q_{ij}(\gamma-\mathrm{Dis}_{\boldsymbol{M}}^2(\boldsymbol{x}_i,\boldsymbol{x}_j)))}_{\epsilon_N(\boldsymbol{M})}+\Omega(\boldsymbol{M})\end{aligned}\tag{3.1}$$

$q_{ij}=\mathbb{I}[y_i=y_j]\in\{-1,1\}$ 表示任意两个样本是否来源于同一个类别。如果两个样本同类，即 $y_i=y_j$，则输出1，否则输出-1。γ 为预定义的阈值，$\ell(\cdot)$ 为非负且凸的损失函数，一般为0-1损失函数的上界。式（3.1）的目标函数中，要求所有样本之间共 $N(N-1)$ 个关联关系的表现和类别的要求一致。上述优化问题找到一个距离度量 $\hat{\boldsymbol{M}}$，使得相似（同类）样本之间的距离小于 γ，而异类样本互相远离，且距离大于 γ。$\Omega(\cdot)$ 是一个关于 $\boldsymbol{M}$ 的非负的凸正则项，用于控制 $\boldsymbol{M}$ 的结构。$\epsilon_N(\boldsymbol{M})$ 为关于度量 $\boldsymbol{M}$ 的经验误差（训练误差），由训练集上 $N(N-1)$ 个样本对的平均损失决定。损失函数与正则项之和为经验目标函数 $\hat{F}(\boldsymbol{M})$。由于目标函数是凸的，因此可以通过凸优化的方法获得最优度量矩阵 $\hat{\boldsymbol{M}}$ 的解。

上述学习问题的真实风险（期望损失）为

$$\begin{aligned} \boldsymbol{M}^* &= \underset{\boldsymbol{M}\in\mathcal{S}_D^+}{\arg\min} F(\boldsymbol{M}) \\ &= \underset{\boldsymbol{M}\in\mathcal{S}_D^+}{\arg\min} \underbrace{\mathbb{E}_{z_1,z_2}[\ell(q_{12}(\gamma-\mathrm{Dis}_{\boldsymbol{M}}^2(\boldsymbol{x}_1,\boldsymbol{x}_2)))]}_{\epsilon(\boldsymbol{M})} + \Omega(\boldsymbol{M}) \end{aligned} \tag{3.2}$$

式（3.2）中的期望 $\mathbb{E}[\cdot]$ 针对从分布 $\mathcal{Z}$ 中随机抽样的任意两个样本 $\boldsymbol{z}_1$ 和 $\boldsymbol{z}_2$。期望目标函数 $F(\boldsymbol{M})$ 包含期望的损失（风险）$\epsilon(\boldsymbol{M})$和正则项 $\Omega(\boldsymbol{M})$，定义通过优化该期望目标函数得到的最优解为 $\boldsymbol{M}^*$。这种期望风险通过一组未知的样本对进行衡量，揭示了度量的泛化能力。基于前文定义的符号，可以继续定义**额外风险**（Excess Risk）：

$$\begin{aligned} F(\hat{\boldsymbol{M}})-F(\boldsymbol{M}^*) &= F(\hat{\boldsymbol{M}})-\min_{\boldsymbol{M}} F(\boldsymbol{M}) \\ &= \epsilon(\hat{\boldsymbol{M}})-\epsilon(\boldsymbol{M}^*)+\Omega(\hat{\boldsymbol{M}})-\Omega(\boldsymbol{M}^*) \end{aligned} \tag{3.3}$$

这是经验最优解 $\hat{\boldsymbol{M}}$ 和期望最优解 $\boldsymbol{M}^*$ 在各自期望目标函数下的差异。它可以用于证明通过优化式（3.1）中的经验目标学习到的距离度量是否与基于式（3.2）从真实分布中优化得到的距离度量一致。此外，该指标还揭示了在未知的随机采样的样本对上测量距离时，经验最优度量 $\hat{\boldsymbol{M}}$ 与期望最优度量 $\boldsymbol{M}^*$ 之间泛化能力的差异。

在开放动态环境问题中，由于环境的变化，往往只能获得较少的训练样本。因此，模型需要具备仅利用这种少量的训练样本就能得到较好的距离度量的能力。本章的**主要思路**是从理论的角度发现影响度量学习样本复杂度的因素，从而得到如何利用少量的训练样本获取有效的度量矩阵的方法。具体而言，首先本章分析了上述的额外风险，给出其对应的大概率理论上界，取得比以往一轮分析更紧凑的结果，同时基于该上界，本章进行详细的分析，讨论度量学习如何尽可能地降低样本复杂度；其次，本章也考虑如何利用已有的训练好的距离度量，即当前的度量学习问题如何能直接利用上一阶段或相似问题中训练得到的距离度量。本书对此也给出对应的理论分析结果，并证明在给定的度量矩阵满足某些条件的情况下，可以极大限度地降低当前问题的样本复杂度。值得注意的是，本章对度量矩阵的两类分析，均在对应的条件下取得了在已有方法中最紧的界。

本章后面首先介绍现有工作对传统机器学习以及度量学习的理论研究，其次引入一些理论证明中需要的概念。3.3和3.4节分别详细介绍了本章的两个主要结论，3.5节给出了相应的实验结果证明。

3.2 现有的度量学习理论结果

统计学习理论将模型在训练集和未知的测试集中的性能表现联系起来。给定足够的从某个未知分布抽样的独立同分布的训练样本，可以使模型的经验统计结果和期望统计结果保持一致。样本复杂性显示了缩小二者之间差异性需要的样本数目。换句话说，经验统计和期望统计之间的差异随着给定训练样本数量的增加而减小。本书中，“经验最优”和“真实最优”（期望最优）解分别表示在“有限的训练样本上”以及“真实分布上”优化得到的结果。通常使用两种理论界来揭示学习到的模型假设（Hypothesis）的泛化能力。“泛化界”侧重于针对同一个模型假设经验误差与期望误差之间的差异（或针对假设空间中所有可能的模型假设分析这种差异）；“额外风险界”分析经验最优解和真实最优解对应的期望损失（或期望目标函数）之间的差异。在某些情况下，根据泛化界的结果可以获得额外风险界[84]。

为分析模型的泛化能力，以往的工作提出了不同的工具，例如稳定性[85]和 Rademacher 复杂度[86]。利用这两种工具，可以证明泛化误差/额外风险的上界形式为 $\mathcal{O}\left(\frac{1}{\sqrt{N}}\right)$。文献［87］考虑一个 Bennett 类型的集中不等式，以及局部 Rademacher 复杂性度量，它可以将泛化界限制在 $\mathcal{O}\left(\frac{1}{N}\right)$ 的复杂度下。目标函数的属性类型也可以用于提高泛化界的收敛速度。文献［88］分析了使用强凸目标函数时泛化界的收敛速度（例如具有凸损失函数以及强凸正则项的支持向量机学习问题），并证明这种情况下泛化界的收敛率也可以达到 $\mathcal{O}\left(\frac{1}{N}\right)$。文献［89］考虑具有平滑损失函数的目标函数，并证明平滑性质也能够提升收敛速度。强凸和平滑属性也能够同时用于目标函数的分析中[90]，此时，额外风险不仅像以往的方法一样具有平滑和强凸的属性参数，还被证明能实现更快的收敛速率，如当样例数目 N 足够大时，收敛速度能达到 $\mathcal{O}\left(\frac{1}{N^2}\right)$。本书对距离度量学习的分析基于**非独立同分布**的样本对，而本书的结果验证了度量学习也可以和独立同分布假设下的学习问题一样获得更快的泛化收敛速率。

我们可以基于不同的理论工具分析度量学习的泛化能力。文献［91］使用算法稳定性来衡量度量学习的一致性并提出在线优化方法。该分析要求学习目标是凸的，并且通常使用度量矩阵的 F 范数来获得稳定性。文献［35］在更一般的情况下为度量学习进行稳定性分析。类似的方法也可以应用于具有偏向正则项[49] 的迁移学习分析以及多度量扩展[92] 的分析中。文献［63］对三元组施加了独立同分布假设，使用 Rademacher 复杂度分析了度量学习样本复杂度的上界。同样，文献［93］虽然在分析中强调了度量矩阵的潜在维度和低秩性，但也需要独立同分布假设。文献［64］使用 U-统计量，分析了在非独立同分布假设下的度量学习泛化能力，并对不同的正则项进行讨论。还有部分理论分析专注于将度量学习中学到的度量矩阵的质量与分类性能直接联系在一起[94-95]。在度量学习的现有理论分析中，泛化误差与额外风险的上界一般都具有 $\mathcal{O}\left(\frac{1}{\sqrt{N}}\right)$ 的形式。由于距离度量学习问题的组成部分没有更多条件，因此该结果很紧凑。在本书中，我们通过两个方面考虑开放动态环境中如何降低度量学习对样本数目的需求：一方面考虑目标函数的性质，另一方面考虑利用已有的训练好的距离度量。

3.3 基于函数性质的度量学习样本复杂度改进

本节首先介绍了理论分析中的主要定义，然后分别从两个角度分析了度量学习的样本复杂度。

3.3.1 基本定义

对于可微凸函数 $F(\boldsymbol{M}):\mathcal{S}_d^+\rightarrow\mathbb{R}$，如果满足对于任意 $\boldsymbol{M}$ 和 $\boldsymbol{M}'$ 都有

$$F(\boldsymbol{M})\geqslant F(\boldsymbol{M}')+\langle\nabla F(\boldsymbol{M}'),\boldsymbol{M}-\boldsymbol{M}'\rangle+\frac{\lambda}{2}\|\boldsymbol{M}-\boldsymbol{M}'\|_F^2 \tag{3.4}$$

则被定义为 λ-强凸（Strongly Convex）。其中 $\nabla F(\boldsymbol{M}')$ 是目标函数 $F(\cdot)$ 在 $\boldsymbol{M}'$ 处的梯度。

对于非负正则项 $\Omega(\boldsymbol{M})$：$\mathcal{S}_d^+\rightarrow\mathbb{R}^+$，如果满足对于任意 $\boldsymbol{M}$ 和 $\boldsymbol{M}'$ 都有

$$|\Omega(\boldsymbol{M})-\Omega(\boldsymbol{M}')|\leqslant L\|\boldsymbol{M}-\boldsymbol{M}'\|_F$$

则被定义为关于 F 范数是 L-Lipschitz 连续的。

对于非负损失函数 $\ell(\cdot)$：$\mathbb{R}\rightarrow\mathbb{R}^+$，如果其梯度是 β-Lipschitz，则该损失函数是β-平滑（Smooth）的，即对于任意x，$y\in\mathbb{R}$，有$|\ell'(x)-\ell'(y)|\leqslant\beta|x-y|$。对于矩阵输入函数$F(M)$，其$\beta$-平滑也具有如下性质：

$$F(M)\leqslant F(M')+\langle\nabla F(M'),M-M'\rangle+\frac{\beta}{2}\|M-M'\|_F^2 \tag{3.5}$$

如果某非负函数是平滑的，则其梯度的范数可以被其函数值界定住，即$\|\nabla F(M)\|_F\leqslant 2\beta F(M)$。

定义$A_{ij}=(x_i-x_j)(x_i-x_j)^{\mathrm{T}}$，并假设该变量是有上界的，即对于任意样本对都有$\|A_{ij}\|_F\leqslant A$。类似地，假设度量矩阵也有上界，即$\|M\|_F\leqslant R$。以下的度量学习分析采用和以往分析类似的方式[35,64]，仅使用度量矩阵M的对称性，而忽略其半正定性质。

3.3.2 主要结论及讨论

基于以上假设，可以得到如下定理。

定理3-1 假设$F(M)$为λ-强凸，$\hat{F}(M)$为凸函数，损失函数$\ell(\cdot)$为β-平滑，$\Omega(M)$为L-Lipschitz连续。定义

$$B=\sup_{z_i,z_j\sim\mathcal{Z}}\|\nabla\ell(q_{ij}(\gamma-\mathrm{Dis}_{M^*}^2(x_i,x_j)))\|_F,s=\lceil\log_2 2R+2\log_2 N\rceil$$

$$C_1=16\sqrt{2}+8\sqrt{2\log s/\delta},C_2=8\sqrt{2}+8\sqrt{\log(s/\delta)},C_3=\frac{40B}{3}\log(s/\delta)$$

对$0<\delta<1$，则

$$F(\hat{M})-F(M^*)\leqslant\max\left\{\frac{B+L}{N^2}+\frac{\beta A^2}{2N^4},\frac{4C_1^2R^2\beta^2A^4}{\lambda N}+\frac{C_2^2}{\lambda N}\beta A^2\epsilon(M^*)+\frac{2RC_3}{N}\right\} \tag{3.6}$$

以概率 1-2δ 成立，并且如果

$$N\geqslant\frac{16\beta^2A^2C_1^2}{\lambda^2} \tag{3.7}$$

则

$$F(\hat{M})-F(M^*)\leqslant\max\left\{\frac{B+L}{N^2}+\frac{\beta A^2}{2N^4},\frac{2C_2^2\beta A^2\epsilon(M^*)}{\lambda N}+\frac{2C_3^2}{\lambda N^2}\right\} \tag{3.8}$$

以概率 1−2δ 成立。

评注 3-1 定理 3-1 表明，使用强凸目标、平滑损失以及凸正则化的目标函数进行度量学习，其泛化能力可以达到 $\mathcal{O}\left(\frac{1}{N}\right)$ 的收敛率。虽然在 s 中有 $\log_2 N$ 项，但考虑到 $\log\log N$ 非常小（$\log\log N$ 由 $\log s$ 项产生），所以这一项忽略不计。式（3.6）的右侧反映了上述的一些性质。λ 越大，β 越小，则界越紧，有更快的收敛率。目标函数的收敛率反映了训练度量对样本复杂度的需求：为获得 $F(\hat{M})$ 和 $F(M)$ 之间 $\epsilon\ll1$ 的误差，$\mathcal{O}\left(\frac{1}{\sqrt{N}}\right)$ 的收敛率需要 $\frac{1}{\epsilon^2}$ 个样本，而 $\mathcal{O}\left(\frac{1}{N}\right)$ 的收敛率仅需要 $\frac{1}{\epsilon}$ 个样本。这也表示，对于给定的同样数目的训练集，更快收敛率的目标函数能取得更小的泛化误差，模型泛化性能更好。

评注 3-2　值得注意的是，定理 3-1 中证明的更快的收敛率揭示了正则化目标函数的性质。考虑结构风险最小化(Structural Risk Minimization)，关注带有正则化的目标函数的收敛速度是有意义的。如果期望的损失函数本身是强凸的，那么提升的收敛率也可以被用于损失函数的部分。在一般情况下，当缺少强凸和平滑属性时，损失函数项有阶为 $\mathcal{O}\left(\frac{1}{\sqrt{N}}\right)$ 的下界[63,95]，比正则化目标函数 $F(\boldsymbol{M})$ 的收敛率慢。其他研究者在独立同分布的学习问题中也观察到了这种现象[88]。

尽管定理 3-1 中只关注有正则目标函数的额外风险，但当正则项为 F 范数 $\Omega(\boldsymbol{M})=\lambda'\|\boldsymbol{M}\|_F^2$ 时，也可以用于泛化界的分析。如果将 $F(\boldsymbol{M})$ 的强凸系数近似记为 λ'，则基于式 (3.8) 有

$$F(\hat{\boldsymbol{M}})-F(\boldsymbol{M}^*)=\epsilon(\hat{\boldsymbol{M}})-\epsilon(\boldsymbol{M}^*)+\lambda\|\hat{\boldsymbol{M}}\|_F^2-\lambda'\|\boldsymbol{M}^*\|_F^2$$

$$\leqslant\max\left\{\frac{B+L}{N^2}+\frac{\beta A^2}{2N^4},\frac{2C_2^2\beta A^2\epsilon(\boldsymbol{M}^*)}{\lambda' N}+\frac{2C_3^2}{\lambda' N^2}\right\}$$

所以，由正则项的非负性，有

$$\epsilon(\hat{\boldsymbol{M}})-\epsilon(\boldsymbol{M}^*)\leqslant\max\left\{\frac{B+L}{N^2}+\frac{\beta A^2}{2N^4},\frac{2C_2^2\beta A^2\epsilon(\boldsymbol{M}^*)}{\lambda' N}+\frac{2C_3^2}{\lambda' N^2}\right\}+\lambda'\|\boldsymbol{M}^*\|_F^2$$

通过选择 λ' 为

$$\lambda' = \sqrt{\frac{2C_2^2\beta A^2\epsilon(\boldsymbol{M}^*)}{\|\boldsymbol{M}^*\|_F^2 N} + \frac{2C_3^2}{\|\boldsymbol{M}^*\|_F^2 N^2}}$$

可以得到

$$\begin{aligned}\epsilon(\hat{\boldsymbol{M}}) - \epsilon(\boldsymbol{M}^*) &\leqslant \max\left\{\frac{B+L}{N^2} + \frac{\beta A^2}{2N^4} + \lambda'\|\boldsymbol{M}^*\|_F^2\right. \\ &\qquad \left. 2\|\boldsymbol{M}^*\|_F\sqrt{\frac{2C_2^2\beta A^2\epsilon(\boldsymbol{M}^*)}{N} + \frac{2C_3^2}{N^2}}\right\} \\ &\leqslant 2\|\boldsymbol{M}^*\|_F\left(\sqrt{\frac{2C_2^2\beta A^2\epsilon(\boldsymbol{M}^*)}{N}} + \frac{2C_3}{N}\right)\end{aligned} \tag{3.9}$$

式（3.9）忽略了具有较快收敛率的项，只关注具有较慢收敛率的项。从结果来看，度量学习损失函数的收敛率与以前的分析一样具有 $\mathcal{O}\left(\frac{1}{\sqrt{N}}\right)$ 的阶，但此处引入了强凸和平滑性质的参数。考虑到平滑损失函数的假设，当 $\epsilon(\boldsymbol{M}^*)\to 0$ 时，收敛的阶可以达到 $\mathcal{O}\left(\frac{1}{N}\right)$ 以实现更快的收敛率。

评注 3-3 当 $\epsilon(\boldsymbol{M}^*)$ 足够小，且样本数目足够大时，式（3.7）中的收敛率能达到 $\mathcal{O}\left(\frac{1}{N^2}\right)$。$\epsilon(\boldsymbol{M}^*)$ 衡量了最优期望度量在真实分布上的性能，即反映了问题的难度。例如在 PAC 可学习性的可分假设中[84]，存在一个最优假设度量 $\boldsymbol{M}^*$，所有的标签均可以通过该度量生成，在这种可分的场

景下有 $\epsilon(\boldsymbol{M}^*)=0$。来自不同局部区域的样例更容易互相区分，即通过最佳度量可以大概率地满足从真实数据分布生成的所有样本对之间的关系，此时也有 $\epsilon(\boldsymbol{M}^*)\to 0$。因此，给定足够的训练样例，度量学习任务不但可以进行很好的训练，而且它在这种情况下的收敛率比具有少量样例的情况好得多。根据获得更快收敛率的样例数量的条件，随着 N 的增加，泛化收敛率可能会有进一步提高。实际问题中，对 N 的要求会远小于式（3.7）的要求。

评注 3-4 定理 3-1 中右侧的项与数据的维度无关，这说明该定理也可以应用于高维的情况。距离度量学习泛化的这种维度无关的性质在文献［63］中也有讨论。此外，更高维度的度量会导致更大的假设空间，因此 $F(\boldsymbol{M})$ 的度量最优解可以表现得更好。在这种情况下，$\epsilon(\boldsymbol{M}^*)$ 的值在高维情况下会更小，这使得目标函数将达到更快的收敛率。

评注 3-5 上述结果在传统分类问题中有相关的证明[90]，但以往的证明着眼于样本，并且都基于样本独立同分布的假设。本书的证明针对非独立同分布的样本对进行分析，以往的结果在这种情况下不再适用。根据本书的分析，度量学习可以达到和传统分类问题同样快的收敛形式。

评注 3-6 关于 $\boldsymbol{M}$ 的界可以在 F 范数正则化的情况下直接得出。当 $\Omega=\lambda\|\boldsymbol{M}\|_F^2$ 时，利用目标函数优化的性质，可得 $\hat{F}(\hat{\boldsymbol{M}})+\lambda\|\hat{\boldsymbol{M}}\|_F^2\leqslant\hat{F}(0)$，可用于找到 $\|\hat{\boldsymbol{M}}\|_F$ 的界。类似

地，$\|\boldsymbol{M}^*\|$也有上界。

评注 3-7 在定理 3-1 中，整个目标函数需要是**期望上**强凸的，即 $F(\boldsymbol{M})$ 是 λ-强凸的。相对于要求经验目标 $\hat{F}(\boldsymbol{M})$ 对于所有输入数据强凸，这是一个**比较弱**的假设。在实际应用中，我们可以通过检查经验目标来验证这一假设。这种弱假设使本书的分析能被扩展到更多的情况下。本章实验中也举出了目标函数在期望上强凸但非期望情况仅为凸的例子。

通过本节的度量学习理论分析可以看出：首先，利用训练数据学到的距离度量可以在未知的测试样本上泛化；其次，额外风险的收敛率与函数的性质有关，利用强凸和平滑函数在一定程度上能够提升度量学习额外风险的收敛率，使得其在少量的训练样本下就能达到较小的泛化误差。这种性质可以被用于开放环境度量学习算法的设计中，即采用性质更好的目标函数以达到减小训练样本需求的效果。

3.4 基于度量重用的度量学习样本复杂度改进

除了函数的性质，也可以从度量重用的角度考虑如何降低度量学习任务对训练样本数量的需求。考虑一个极限的情况，如果在已有的数据上训练了一个较好的度量矩阵，能够对样本对进行接近完美的距离度量，则在一个同样的新的任务上，可以直接使用这样一个度量而不需要任何训练样本。

因此，当新的任务和已有的任务比较接近时，也可以考虑“重用”已有问题上已经学到的距离度量，基于学到的度量和新任务的样本做快速适配，使得度量学习能在样本很少的情况下得到有效的距离度量。

本节考虑在度量学习中学习**投影矩阵** $\boldsymbol{L}$，并在训练时假设给定某个已知的由相关任务学到的投影 $\boldsymbol{L}_0$。为简化讨论，本节中的部分符号重用了其他小节定义的符号，具体定义方式可以从公式中获得。例如本节中，关于马氏距离的定义采用式（2.7）的形式，即

$$\mathrm{Dis}_{\boldsymbol{L}}^2(\boldsymbol{x}_i,\boldsymbol{x}_j)=(\boldsymbol{x}_i-\boldsymbol{x}_j)^{\mathrm{T}}\boldsymbol{L}\boldsymbol{L}^{\mathrm{T}}(\boldsymbol{x}_i-\boldsymbol{x}_j)=\|\boldsymbol{L}^{\mathrm{T}}(\boldsymbol{x}_i-\boldsymbol{x}_j)\|_F^2 \tag{3.10}$$

基于 $\boldsymbol{L}_0$ 的辅助，当前任务的度量投影可以通过以下方式获得：

$$\begin{aligned}&\min_{\Delta \boldsymbol{L}}\frac{1}{N(N-1)}\sum_{(i,j)\sim\mathcal{P}}\ell(q_{ij}(\gamma-\mathrm{Dis}^2_{\underbrace{\boldsymbol{L}_0+\Delta\boldsymbol{L}}_{\boldsymbol{L}}}(\boldsymbol{x}_i,\boldsymbol{x}_j)))+\lambda\|\Delta\boldsymbol{L}\|_F^2\\&=\epsilon_N\underbrace{(\boldsymbol{L}_0+\Delta\boldsymbol{L})}_{\boldsymbol{L}}+\lambda\|\Delta\boldsymbol{L}\|_F^2\end{aligned} \tag{3.11}$$

而上述目标函数的期望风险可以被定义为

$$\epsilon(\boldsymbol{L})=\mathbb{E}_{z_1,z_2\sim\mathcal{Z}}[\ell(q_{ij}(\gamma-\mathrm{Dis}^2_{\boldsymbol{L}_0+\Delta\boldsymbol{L}}(\boldsymbol{x}_i,\boldsymbol{x}_j)))] \tag{3.12}$$

通过如下定理，可以利用泛化误差将期望和经验风险联系起来。

定理 3-2 假设 L-Lipschitz 连续的损失函数 $\ell(\cdot)$ 有上界 $\mathcal{B}$，对于投影矩阵的偏移项有 $\Delta\boldsymbol{L}\in\mathcal{F}=\{\Delta\boldsymbol{L}:\|\Delta\boldsymbol{L}\|_F\leqslant$

$\sqrt{\frac{\epsilon_N(\boldsymbol{L}_0)}{\lambda}}$ 且 $\epsilon_N(\boldsymbol{L}_0+\Delta\boldsymbol{L})\leqslant\epsilon_{\mathcal{P}}(\boldsymbol{L}_0)\}$，则

$$\epsilon(\boldsymbol{L})\leqslant\epsilon_N(\boldsymbol{L})+\underbrace{\frac{\mathcal{Q}\sqrt{\epsilon(\boldsymbol{L}_0)}}{\sqrt{N}}}_{\epsilon(\boldsymbol{L}_0)\text{相关项}}+\frac{20\mathcal{B}\log(1/\delta)}{3N} \quad (3.13)$$

至少以概率 $1-\delta(0<\delta<1)$ 成立。其中

$$\mathcal{Q}=\frac{8\boldsymbol{L}\boldsymbol{A}^*\sqrt{\epsilon(\boldsymbol{L}_0)}}{\lambda}+\frac{16\boldsymbol{L}\boldsymbol{A}^*\|\boldsymbol{L}_0\|_F}{\sqrt{\lambda}}+2\sqrt{\log(1/\delta)\mathcal{B}} \quad (3.14)$$

评注 3-8 式（3.11）对度量投影进行学习的形式也可以被转化为以下通过“有偏正则项”进行学习的方式：

$$\min_{\boldsymbol{L}}\frac{1}{N(N-1)}\sum_{(i,j)\sim\mathcal{P}}\ell(q_{ij}(\mathrm{Dis}_{\boldsymbol{L}}^2(\boldsymbol{x}_i,\boldsymbol{x}_j)-\gamma))+\lambda\|\boldsymbol{L}-\boldsymbol{L}_0\|_F^2 \quad (3.15)$$

此时，给定的度量投影 $\boldsymbol{L}_0$ 为当前的度量学习问题提供了一个先验，并在学习过程中要求当前任务的度量 $\boldsymbol{L}$ 和提供的 $\boldsymbol{L}_0$ 在 F 范数的度量下不能相距太远。在已有的工作中已验证了这种先验能够辅助后续的学习过程[49,96]，如果给定的 $\boldsymbol{L}_0$ 较好，则当前任务的分类性能也有较大的提升。

评注 3-9 定理 3-2 右侧的阶反映出度量学习的样本复杂度。该泛化界证明当给定足够多的样本时，经验误差将趋近于期望误差。换句话说，为了达到同样的误差，需要的样本数目与泛化界中样本的数量级成反比。与文献［35，49，58，64，95］中的结果类似，定理 3-2 中也表现出度量学习

的泛化误差的阶为 $\mathcal{O}\left(\frac{1}{\sqrt{N}}\right)$。

评注 3-10 定理 3-2 分析了非凸的损失函数、Lipschitz 连续的目标函数基于度量投影 $\boldsymbol{L}$ 的泛化性能。在文献［35，64］的分析中，需要凸的损失函数甚至铰链损失；在文献［63］中，要求三元组样本是独立同分布的。定理 3-2 的分析和定理 3-1 一样，都针对非独立同分布的问题，但此处的条件更加宽松，可以被用于更多的实际问题中。

评注 3-11 通过定理 3-2 也能探究先验 $\boldsymbol{L}_0$ 对学习问题的影响。如果 $\boldsymbol{L}_0$ 足够好，即在当前的分布上有较低的期望误差 $\epsilon(\boldsymbol{L}_0)\rightarrow 0$，则可以忽略定理 3-2 中和 $\epsilon(\boldsymbol{L}_0)$ 相关的项。此时，泛化误差的收敛率能够提升到 $\mathcal{O}\left(\frac{1}{N}\right)$。因此，基于 $\boldsymbol{L}_0$ 学习度量能够比重新学习 $\boldsymbol{L}$ 使用更少的样本。在极限情况下，如果 $\epsilon(\boldsymbol{L}_0)=0$，则以概率 1 得到 $\epsilon(\boldsymbol{L})=\epsilon_N(\boldsymbol{L})$。

评注 3-12 值得注意的是，定理 3-2 中的分析也可以被用于迁移学习的任务中，即先验度量 $\boldsymbol{L}_0$ 来源于另一个相关的领域。此时，$\epsilon(\boldsymbol{L}_0)$ 可被视为衡量该领域与当前领域之间相关性的一种指标。如果 $\boldsymbol{L}_0$ 能在当前的领域表现得很好（期望误差很低），则在训练度量投影的偏移 $\Delta\boldsymbol{L}$ 时就会有更大的帮助。文献［49］中利用稳定性[85] 的方法分析了相关领域的度量矩阵对当前领域的影响，并要求凸的损失函数。虽然该分析中也提到利用较好的相关领域度量能够使得当前领域度量学习的泛化误差界变得更紧，但并没有阶的提升。例如，当相关领域的度量完全适用于当前领域时，文献［49］的分析中仍然有$\mathcal{O}\left(\frac{1}{\sqrt{N}}\right)$的收敛率，但定理 3-2 中的收敛率能达到$\mathcal{O}\left(\frac{1}{N}\right)$。文献［97］将这种利用相关领域模型的迁移方式称为“假设迁移”（Hypothesis Transfer），并理论证明了这种迁移模式在二分类的问题下能达到$\mathcal{O}\left(\frac{1}{N}\right)$的收敛率。但文献［97］的分析要求样本是独立同分布的，且要求目标函数是平滑的。定理 3-2 的分析针对非独立同分布的度量学习问题，且并不要求目标函数有较强的性质。

根据本节的分析可知，相关领域训练好的距离度量（模型），能够辅助当前任务的训练，并降低当前任务对训练样本数目的需求。已有的任务和当前任务越接近或已有任务的模型越强，对当前任务的帮助越大。因此，在开放环境中，可以考虑找到和当前任务相似的任务，并且“重用”已有的相关任务的模型以应对当前任务中的小样本学习问题。

3.5 实验验证

由于定理 3-2 的结果在相关的文献中已有验证[49]，因此本节实验主要考虑对定理 3-1 的验证，在人造数据集上分析

不同变量的变化情况。并对度量学习的算法复杂度进行分析。具体而言，本节在二分类人造数据上验证了度量学习问题的泛化收敛率，并观测理论中显示出的不同性质。实验具体使用平方损失函数 $\ell(\cdot)$ 和 F 范数正则项 $\|\boldsymbol{M}\|_F^2$。因此，度量学习的目标函数满足强凸和平滑的要求。在这种情况下，关于度量 $\boldsymbol{M}$ 的经验目标是

$$\hat{F}(\boldsymbol{M})=\frac{1}{N(N-1)}\sum_{i=1}^{N}\sum_{j=1,j\neq i}^{N}(q_{ij}(\gamma-\mathrm{Dis}_{\boldsymbol{M}}^2(\boldsymbol{x}_i,\boldsymbol{x}_j))-1)^2+\lambda\|\boldsymbol{M}\|_F^2 \tag{3.16}$$

期望目标函数为

$$F(\boldsymbol{M})=\mathbb{E}_{z_1,z_2}[(q_{12}(\gamma-\mathrm{Dis}_{\boldsymbol{M}}^2(\boldsymbol{x}_1,\boldsymbol{x}_2))-1)^2]+\lambda\|\boldsymbol{M}\|_F^2 \tag{3.17}$$

损失函数使得样本之间的距离趋于 $\gamma-q_{ij}$。为方便讨论，本节使用 $\boldsymbol{\lambda}$ 表示正则项的非负权重，$\boldsymbol{\lambda}$ 越大则强凸程度也越大。

人造数据生成方法如下。两个类的数据分别从两个高斯分布 $\mathcal{N}(\boldsymbol{\mu}_1,\boldsymbol{\Sigma}_1)$ 和 $\mathcal{N}(\boldsymbol{\mu}_2,\boldsymbol{\Sigma}_2)$ 中抽样生成。给定训练样本的数目后，从两个类别中平均抽取同样多的样本，并基于抽取的样本生成辅助信息 q_{ij}。假设 $\boldsymbol{\mu}_1=\mathbf{1}$，$\boldsymbol{\mu}_2=-\mathbf{1}$，协方差为 $\eta\boldsymbol{I}$，其中 $\eta>0$ 是一个非负参数，用于调整这两个类之间重叠的比例。阈值 γ 被设置为 2。由于样例的真实分布是已知且固定的，因此可以计算特定度量 $\boldsymbol{M}$ 下的（期望）真实风险：

$F(\boldsymbol{M})=5-8\eta\mathrm{Tr}(\boldsymbol{M})+8\eta^2\mathrm{Tr}(\boldsymbol{MM})+4\eta^2(\mathrm{Tr}(\boldsymbol{M}))^2-12\mathbf{1}^{\mathrm{T}}\boldsymbol{M}\mathbf{1}+$

$$16\eta\mathbf{1}^{\mathrm{T}}\boldsymbol{M}\boldsymbol{M}\mathbf{1}+8(\mathbf{1}^{\mathrm{T}}\boldsymbol{M}\mathbf{1})^2+8\eta\mathrm{Tr}(\boldsymbol{M})\mathbf{1}^{\mathrm{T}}\boldsymbol{M}\mathbf{1}+\lambda\|\boldsymbol{M}\|_F^2 \tag{3.18}$$

考虑到计算负担，训练集数目 N 从 2 增加至 4 000，并约束 $\boldsymbol{M}=\mathrm{diag}(\boldsymbol{m})$ 为对角矩阵，其中 $\boldsymbol{m}\in\mathbb{R}^d$ 为 d 维向量。基于对角矩阵性质，式（3.18）的期望目标函数可以被化简为

$$\begin{aligned}F(\boldsymbol{M})=&\ 5-8\eta\mathbf{1}^{\mathrm{T}}\boldsymbol{m}+8\eta^2\boldsymbol{m}^{\mathrm{T}}\boldsymbol{m}+4\eta^2(\mathbf{1}^{\mathrm{T}}\boldsymbol{m})^2-12\mathbf{1}^{\mathrm{T}}\boldsymbol{m}+\\&\quad 16\eta\boldsymbol{m}^{\mathrm{T}}\boldsymbol{m}+8(\mathbf{1}^{\mathrm{T}}\boldsymbol{m})^2+8\eta(\mathbf{1}^{\mathrm{T}}\boldsymbol{m})^2+\lambda\|\boldsymbol{m}\|_2^2\\=&\in(\boldsymbol{m})+\lambda\|\boldsymbol{m}\|_2^2\end{aligned} \tag{3.19}$$

式（3.16）中的经验目标函数为

$$\begin{aligned}\hat{F}(\boldsymbol{M})=&\frac{1}{N(N-1)}\sum_{i=1}^{N}\sum_{j=1,j\neq i}^{N}((\gamma-q_{ij})-(\boldsymbol{x}_i-\boldsymbol{x}_j)\mathrm{diag}(\boldsymbol{m})(\boldsymbol{x}_i-\boldsymbol{x}_j))^2+\\&\lambda\|\boldsymbol{m}\|_2^2\\=&\underbrace{\frac{1}{N(N-1)}\sum_{i=1}^{N}\sum_{j=1,j\neq i}^{N}((\gamma-q_{ij})-((\boldsymbol{x}_i-\boldsymbol{x}_j)\odot(\boldsymbol{x}_i-\boldsymbol{x}_j))^{\mathrm{T}}\boldsymbol{m})^2}_{\epsilon_N(\boldsymbol{m})}+\\&\lambda\|\boldsymbol{m}\|_2^2\end{aligned}$$

其中⊙表示对应元素的乘积。

评注 3-13 基于式（3.19），可以通过期望目标函数 $F(\boldsymbol{M})$ 的汉森矩阵（Hessian Matrix）的特征值确定其强凸性：

$$\frac{\partial^2F(\boldsymbol{m})}{\partial^2\boldsymbol{m}}=(16\eta^2+32\eta+\lambda)\boldsymbol{I}+(8\eta^2+16\eta+16)\mathbf{1}\mathbf{1}^{\mathrm{T}} \tag{3.20}$$

式（3.20）中的第 2 项是正定的，而第 1 项的特征值等于 $(16\eta^2+32\eta+\lambda)>0$。由于汉森矩阵正定，因此期望目标函数

强凸，且强凸性同时取决于 $\boldsymbol{\lambda}$ 和 $\boldsymbol{\eta}$。由于样本构成的矩阵不一定满秩，因此经验损失函数项 $\epsilon_N(\boldsymbol{m})$ 不一定强凸，但期望损失函数 $\epsilon(\boldsymbol{m})$ 的最小特征值为 $8\eta^2+16\eta$，满足定理 3-1 中的强凸假设。

对于固定的 N，首先从两个正态分布中随机采样出 $\frac{N}{2}$ 个样本，并生成 $N(N-1)$ 个样本对以训练距离度量 $\boldsymbol{M}$，该过程重复 30 次。得到经验最优解后，$\boldsymbol{F}(\boldsymbol{M}^*)$ 由整个训练过程中所有计算的 $\boldsymbol{F}(\hat{\boldsymbol{M}})$ 的最小值近似。同样的策略也用于计算或估计 $\epsilon(\hat{\boldsymbol{M}})$ 和 $\epsilon(\boldsymbol{M}^*)$。

通过绘制不同参数下额外风险的均值标准差关于训练样本数目的变化来验证定理的准确性。为了较好地观察收敛速率的变化，我们将额外风险的取值与不同阶的样本数目进行乘积，即 $(\boldsymbol{F}(\hat{\boldsymbol{M}})-\boldsymbol{F}(\boldsymbol{M}^*))\times\sqrt{N}$, $(\boldsymbol{F}(\hat{\boldsymbol{M}})-\boldsymbol{F}(\boldsymbol{M}^*))\times N$，以及 $(\boldsymbol{F}(\hat{\boldsymbol{M}})-\boldsymbol{F}(\boldsymbol{M}^*))\times N^2$。如果曲线具有下降趋势，则意味着其收敛率低于相应比例下的收敛率。当出现上升趋势时，相应乘子为一个更高的估计。如果曲线最后接近常数，则相应的比率为正确的收敛率。如图 3.1 所示，“d” 表示特征的维数，“$\boldsymbol{\eta}$” 表示每个类的混乱程度，“$\boldsymbol{\lambda}$” 表示由正则化引入的强凸程度，首先研究低维度（$d=2$）情况中额外风险的变化。图 3.1 中每两行代表一个根据特定的 $\boldsymbol{\eta}$ 和 $\boldsymbol{\lambda}$ 生成的人造数据集。第 1—2 行和第 3—4 行关注额外风险中损失项的变化。每种颜色分别对应额外风险 $\boldsymbol{F}(\hat{\boldsymbol{M}})-\boldsymbol{F}(\boldsymbol{M}^*)$ 或额外损失$\epsilon(\hat{M})-\epsilon(M^*)$乘以不同尺度（$\sqrt{N}$（蓝色）、$N$（绿色）、$N^2$（红色）和1（粉红色））的情况。图3.1中深色显示30次测试中估计的额外风险的平均值，而浅色显示了方差。

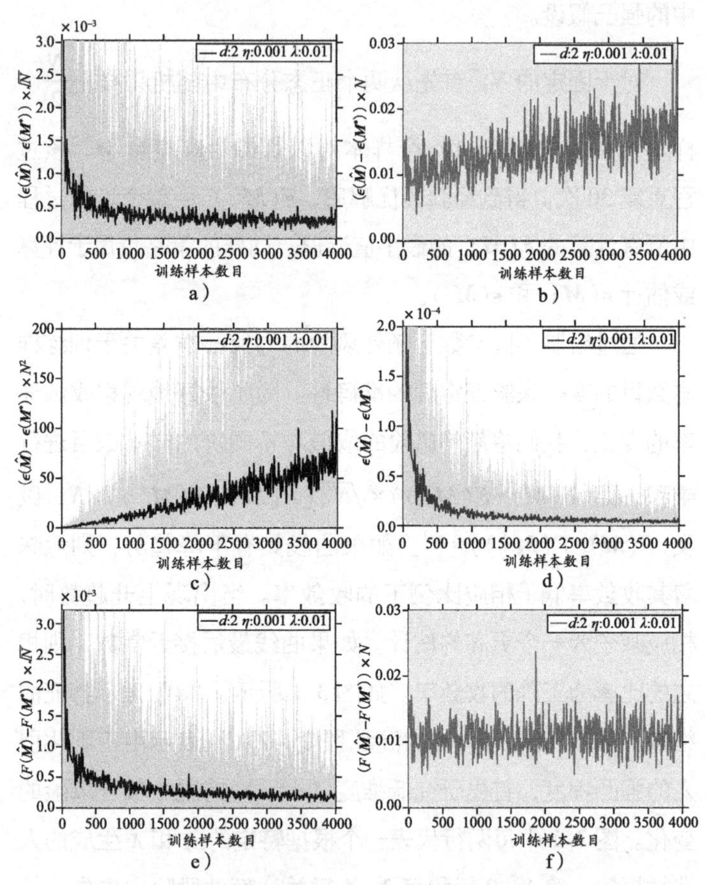

图3.1 在低维度数据集上额外风险随样本数目变化的曲线（见彩插）

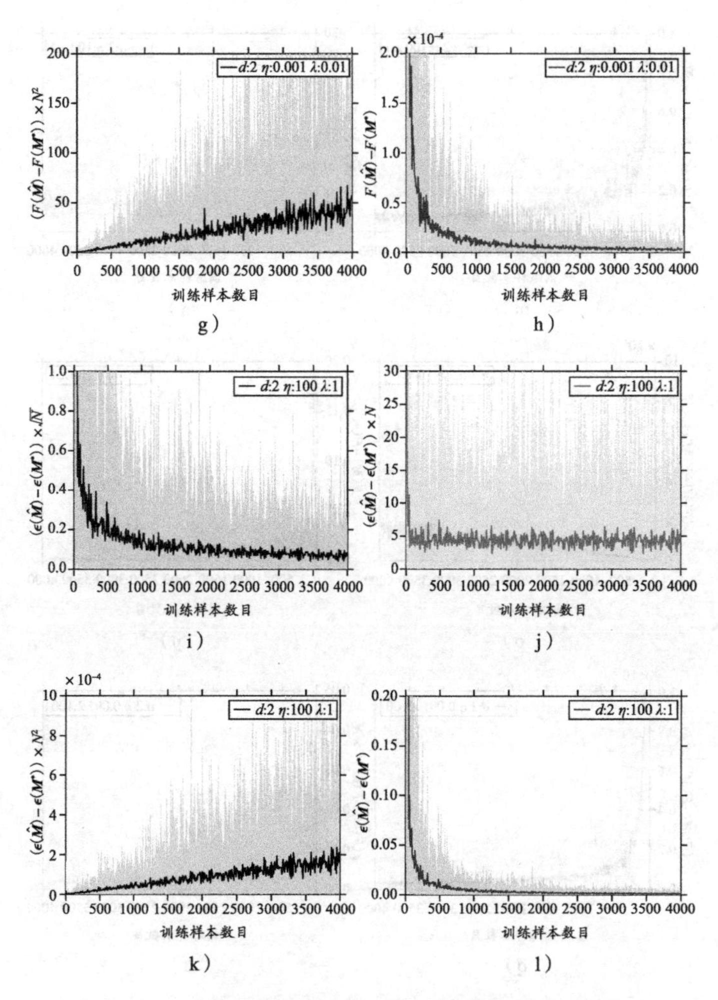

图 3.1 在低维度数据集上额外风险随样本数目变化的曲线（见彩插）（续）

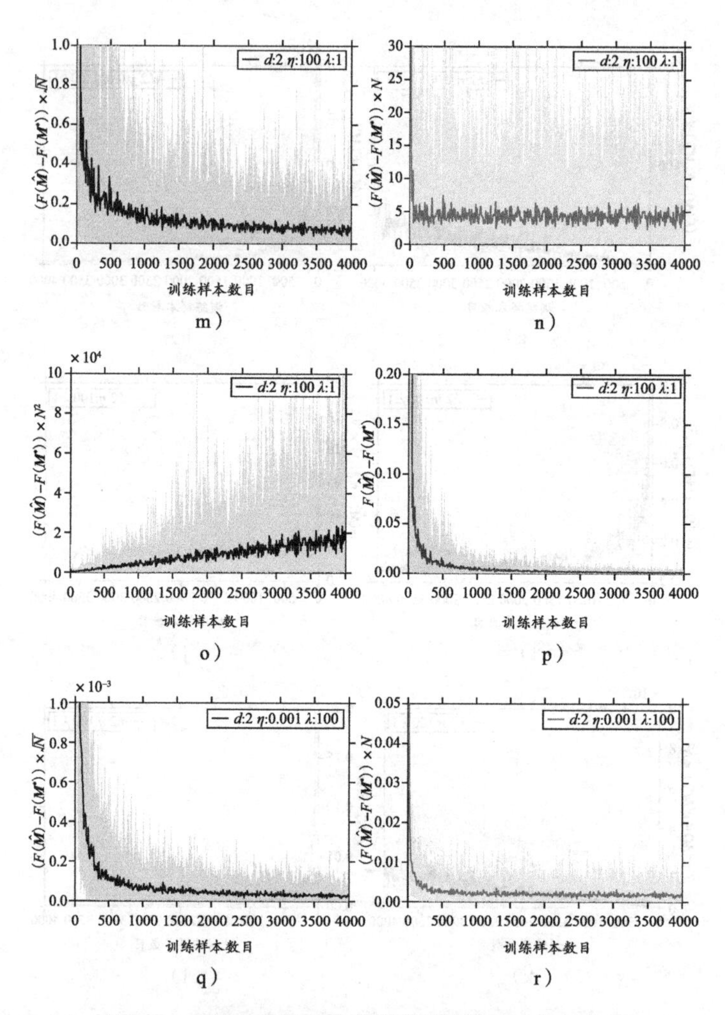

图 3.1　在低维度数据集上额外风险随样本数目变化的曲线（见彩插）（续）

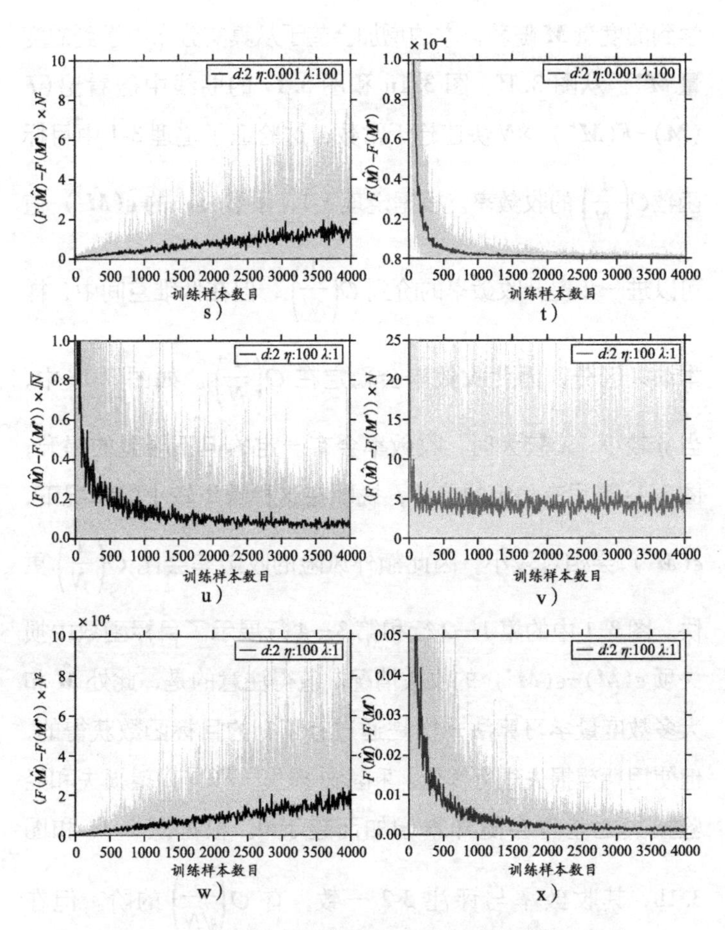

图 3.1　在低维度数据集上额外风险随样本数目变化的曲线（见彩插）（续）

由图 3.1 中粉红色图的结果可见，由于额外风险 $F(\hat{\boldsymbol{M}})-F(\boldsymbol{M}^*)$ 随着样本的增加会趋于 0，因此通过经验目标函数

学到的度量 $\hat{\boldsymbol{M}}$ 随着样本的增加会趋于从真实分布中学到的度量 $\boldsymbol{M}^*$。从图 3.1f、图 3.1n 和图 3.1v 的曲线中能看出 $(F(\hat{\boldsymbol{M}})-F(\boldsymbol{M}^*))\times N$ 快速趋于常数，这验证了定理 3-1 中目标函数 $\mathcal{O}\left(\frac{1}{N}\right)$ 的收敛率。根据定理 3-1，虽然较小的 $\epsilon(\boldsymbol{M}^*)$ 值可以进一步提升收敛率的阶到 $\mathcal{O}\left(\frac{1}{N^2}\right)$，但在低维空间中，样本难以区分，因此收敛率会稳定在 $\mathcal{O}\left(\frac{1}{N}\right)$。如图 3.1s 中，当 $\boldsymbol{\eta}$ 较小，$\boldsymbol{\lambda}$ 较大时，收敛率会有一定的但不明显的提升；图 3.1s 最后有稳定的趋势，说明在这种噪声较小的情况下，$\epsilon(\boldsymbol{M}^*)$ 会相对较小，因此额外风险的收敛率会比 $\mathcal{O}\left(\frac{1}{N}\right)$ 更快。图 3.1 中的第 1—2 行和第 3—4 行展示了目标函数中损失项 $\epsilon(\hat{\boldsymbol{M}})-\epsilon(\boldsymbol{M}^*)$ 的收敛情况。值得注意的是，此处 $\hat{\boldsymbol{M}}$ 和大多数度量学习算法一样是通过有正则的目标函数获得的，但使用期望损失进行衡量。和额外损失一样，期望损失和经验损失之差也会随样本增加而趋于 0。根据图 3.1a 和图 3.1b，其收敛率与评注 3-2 一致，有 $\mathcal{O}\left(\frac{1}{\sqrt{N}}\right)$ 的阶。但在图 3.1j 中，损失项对应收敛率的阶达到了 $\mathcal{O}\left(\frac{1}{N}\right)$，这种提升可能来源于损失函数本身由 $\boldsymbol{\eta}$ 引入的强凸性。

较高维度（$d=100$）的数据结果在图 3.2 中展示。前 4

行展示了较低噪声（$\eta=0.001$）的情况，而后 4 行噪声较大（$\eta=100$）。根据评注 3-13，当期望目标函数并非强凸（η 和 λ 较小）时，如图 3.2b 所示收敛率只有 $\mathcal{O}\left(\frac{1}{N}\right)$。但在其他情况下，如图 3.2g、图 3.2k 和图 3.2o 所示，强凸目标函数能加快额外风险的收敛率。上述实验验证了本章理论的结果，即在**非独立同分布**的度量学习场景下，当训练样本数目 N 较大时，$F(\hat{\boldsymbol{M}})-F(\boldsymbol{M}^*)$ 的收敛率能达到更快的阶 $\mathcal{O}\left(\frac{1}{N^2}\right)$。将图 3.2g 与图 3.2k、图 3.2o 相比，后两种场景下的收敛率在 N 更小的情况下就达到了 $\mathcal{O}\left(\frac{1}{N^2}\right)$ 的阶，这是由于基于评注 3-13 的结论，η 比 λ 对期望目标函数的强凸性有更大的影响。此外，这也表示真实情况下取得更快收敛率的 N 的阈值可能比式（3.7）中更小。

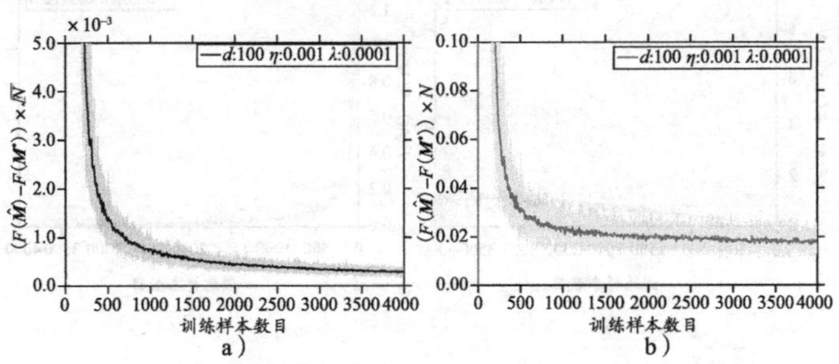

图 3.2 在较高维度数据集上额外风险随样本数目变化的曲线（见彩插）

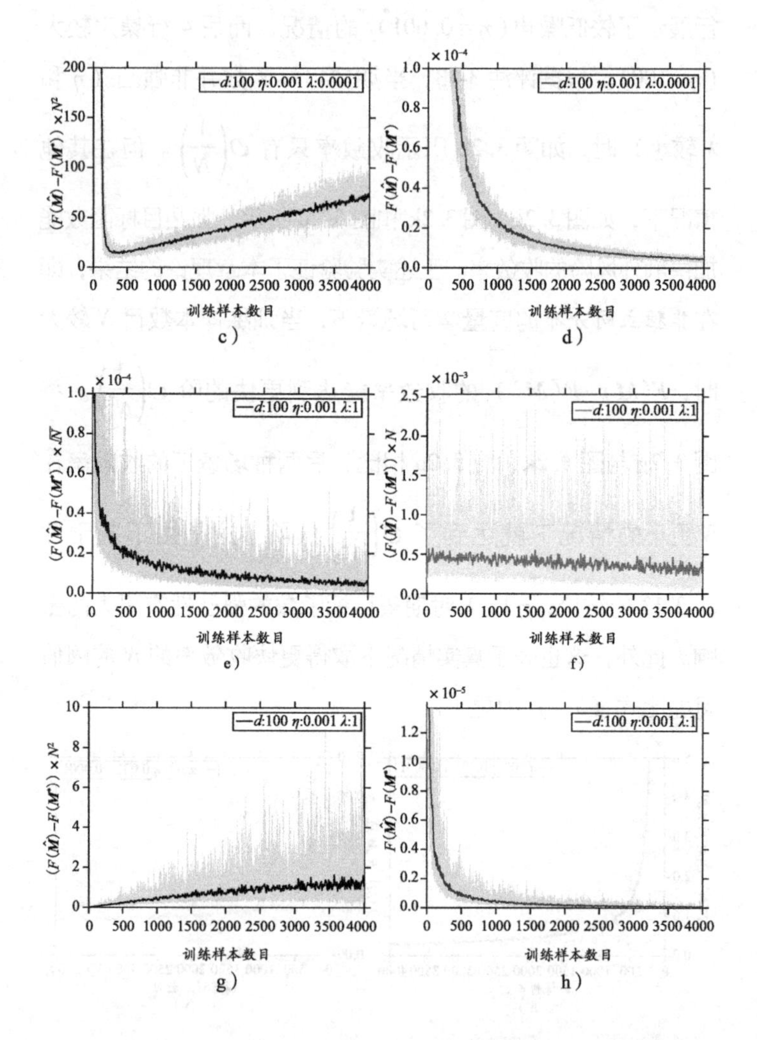

图 3.2 在较高维度数据集上额外风险

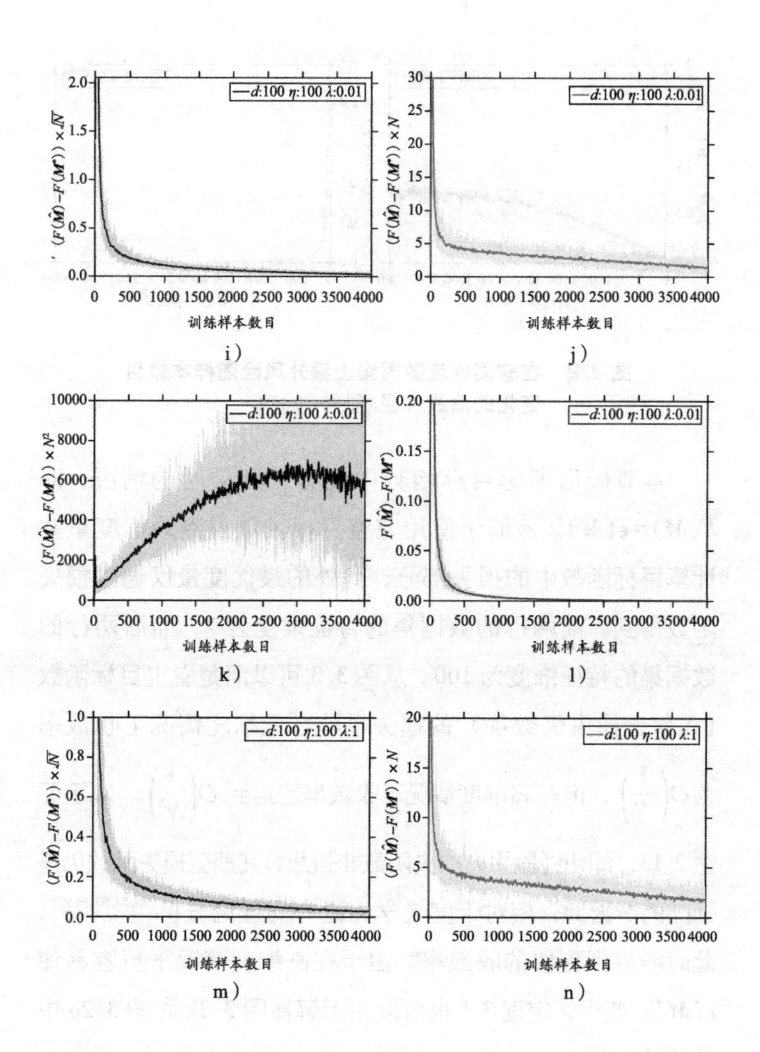

随样本数目变化的曲线（见彩插）（续）

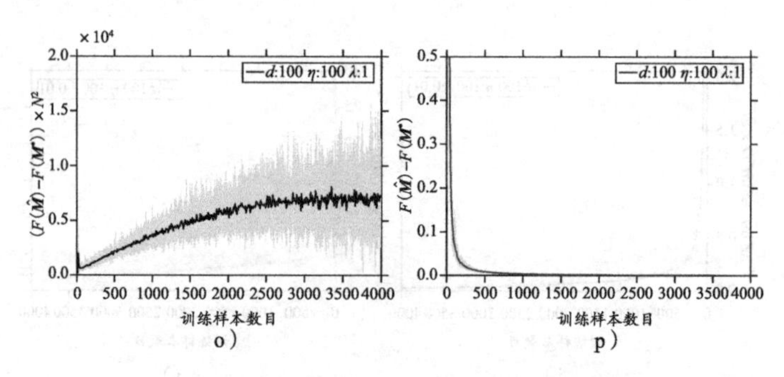

图 3.2　在较高维度数据集上额外风险随样本数目变化的曲线（见彩插）（续）

本节最后考虑目标函数中没有正则项时的情况，即 $F(\boldsymbol{M})=\epsilon(\boldsymbol{M})$。不同于使用完整目标函数得到最优度量并计算目标函数中的损失部分，此处的最优度量仅通过损失函数得到。前两行的数据集的特征维度为 2，而后两行的数据集的特征维度为 100。从图 3. 3 可以清楚看出目标函数（仅包含损失函数项）的损失风险在低维度情况下收敛率为 $\mathcal{O}\left(\frac{1}{N}\right)$，但在高维度情况下收敛率能达到 $\mathcal{O}\left(\frac{1}{N^2}\right)$。基于评注 3-13，即使经验平方损失函数非强凸，其期望损失函数仍是强凸的。因此，相对于度量学习已有的理论分析[35,58,63,94-95]，此时能达到更快的收敛率。由于在高维度情况下更容易使 $\epsilon(\boldsymbol{M}^*)$ 变小，定理 3-1 也可以用于解释图 3. 2k 和图 3. 2o 中较快的收敛率。

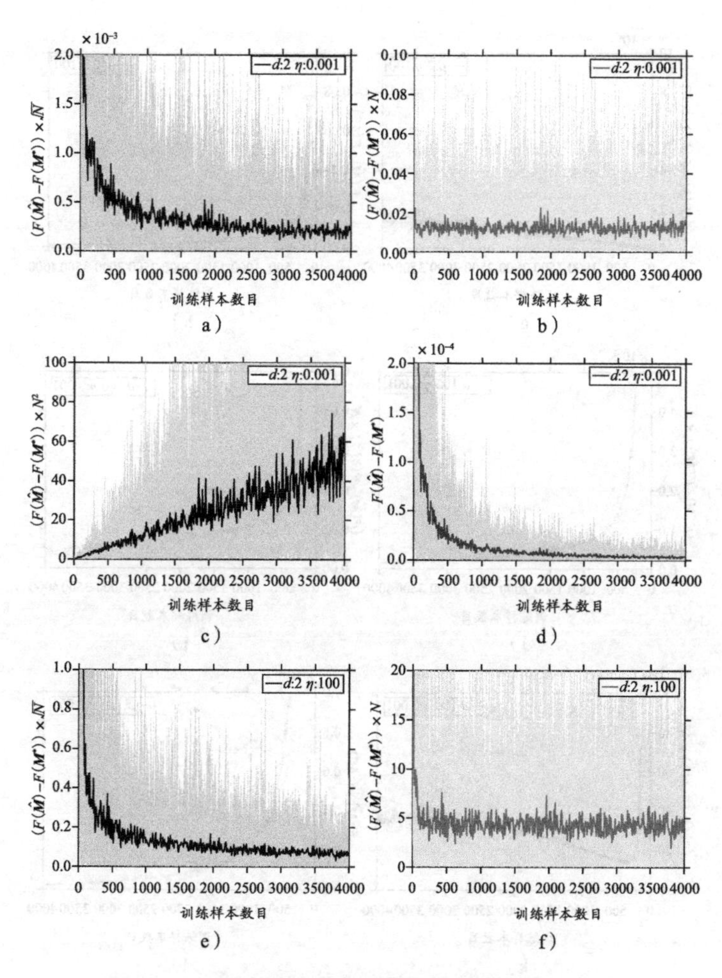

图 3.3 在不同维度数据集上额外风险随样本数目变化的曲线（无正则项）（见彩插）

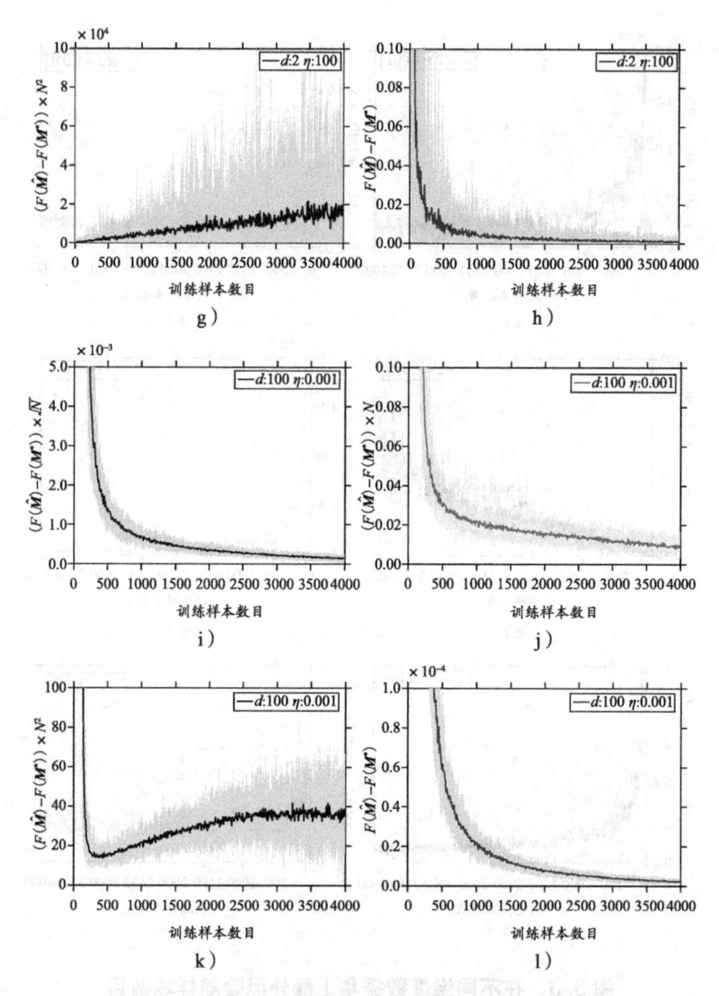

图 3.3　在不同维度数据集上额外风险随样本数目变化的曲线（无正则项）（见彩插）（续）

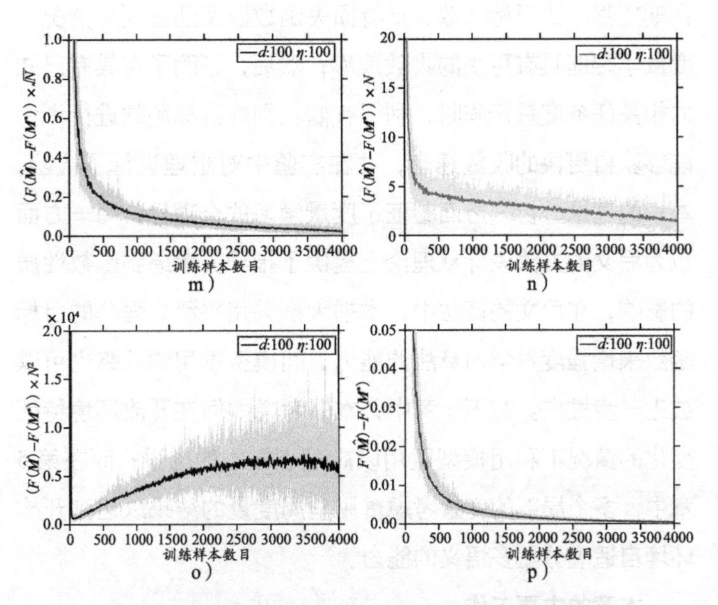

图 3.3　在不同维度数据集上额外风险随样本数目变化的曲线（无正则项）（见彩插）（续）

3.6 本章小结

本章从模型输入样本数目的层面考虑开放环境中度量学习可能会面临的困难。在开放环境的任务中，训练样本数目可能会很少，从而在一定程度上阻碍了度量学习模型的训练过程。本章从理论上分析了训练样本的数目如何影响度量学习的泛化能力，并说明在何种情况下可以将度量学习算法应用于具有少量学习样本的开放动态环境中。本章首先证明了在期望强凸的目标函数、平滑损失函数以及凸正则的情况下度量学习能具有更快的收敛速率；然后，证明了在具有已知的相关任务度量矩阵时，利用有偏正则的目标函数进行训练能够获得更快的收敛速率，并在实验中对定理进行了检验。本章的理论分析一方面验证了度量学习的合理性，另一方面也为后文的方法设计从理论上提供了指导。考虑到函数性质的影响，在后文的算法中，本书大多采用平滑、强凸的目标函数来增强度量学习算法的能力，而模型重用的思路也可以被进一步推广。在下一章中，本书考虑如何在开放环境特征变化的情况下利用模型重用以应对小样本的场景；而在第5章中，多个局部的度量考虑重用全局度量的结果以达到开放环境自适应分配多语义的能力。

本章的主要工作

- **YE H J**，ZHAN D C，LI N，et al. Learning Multiple Metrics：Considering Global Metric Helps [J]. IEEE Transactions on Pattern Analysis and Machine Intelligence，2020，42（7）：1698-1712.（CCF-A 类期刊）
- **YE H J**，ZHAN D C，JIANG Y. Fast Generalization Rates for Distance Metric Learning [J]. Machine Learning，2019，108（2）：267-295.（CCF-B 类期刊）

第4章

基于度量学习和语义映射的异构模型修正

4.1 引言

随着机器学习算法在不同领域的广泛应用，模型的鲁棒性越发受到关注，而如何增强模型应对开放环境的能力也变得越发重要[60]。继研究开放环境下的小样本学习问题后，本章从模型输入“特征”变化的角度考虑学习问题面临的挑战。例如，在文本分类问题中，文章中出现的词汇构成字典以创建特征，当热点话题随着时间的推移而变化时，字典也随之发生变化，这导致不同时间段文档的特征各不相同；在商品推荐问题中，使用用户和商品的交互信息描述用户画像，当新的商品出现以及过时的商品下架时，用户描述中的属性和统计值也在变化；某公司不同分部的分类器模型会由于分部区域的不同而具有不同类型的用户特征。从这些例子中可以发现，**特征集和变化**是开放环境中的重要问题之一。

此外正如第3章所述，由于昂贵的标记成本，短时间内通常只能获得**极少数有标记的样本**用于当前的新场景中，例如新标记的文档和用户行为。图4.1给出了对开放环境中的鲁棒建模要求的基本说明。

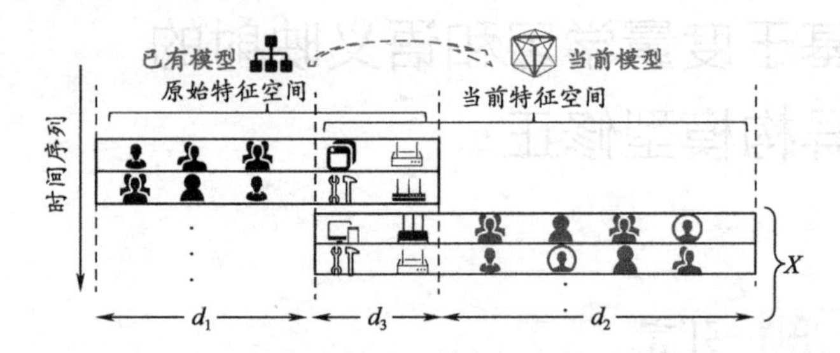

图4.1 开放环境中不同任务异构特征空间建模的实例

注：不同阶段的任务中，特征的数量/类型可以增加或减少。本书的目标是利用有限的当前任务数据 X 和以往任务训练好的模型来提高当前任务的性能。两个任务特定的和共享的特征维度分别为 d_1、d_2 和 d_3。

学件（Learnware）[61] 为开放环境的鲁棒性建模提出了一个新颖的视角。学件是一个具有规约的训练好的学习器。学件的两个基本属性，即**可重用性**（Reusablility）和**可演进性**（Evolvablility），在开放环境中尤为重要。具体而言，可重用性表示模型可被重用以辅助相关任务，它确保即使新任务下只有有限的数据，该模型依然能够轻松地被增强、适应和改进。可演进性考虑到环境的非平稳性以及环境变化的规律，使得学件能够处理环境的变化，并且能够重用于具有异构特征空间的任务中。本章依照**学件**的指导进行异构（Heterogeneous）空间模型重用的初步尝试。具体来说，本章提出算法分别使模型具有**可重用**和**可演进**性质，即当环境变化时，专注于在**异构**特征空间上构建新的模型重用框架，并提出一种新颖的解决方案，通过度量学习方法将不同的特征空间连接在一起，从而赋予模型可演进性。

当前处理异构特征空间的方法，如领域特定样本识别[98]、样本权重调节[99]或子空间构造[29]都需要以往任务的数据，其模型不能直接在不同的环境中被重用。与这些方法不同，本章的框架通过异构模型映射（heterOgeneous pRedictor Mapping）方法 ReForm，可利用以往任务中训练好的模型。特别是假设不同任务特征之间的相似性是已知的，ReForm 可以通过最优输运[100]产生语义映射来弥补特征异质性差异。对于无法直接获取特征之间关联性的情况，本书提出“特征元空间”（Feature Meta Space）这一概念，要求相关联的特征在该空间中较为接近，而差异较大的特征在该空间中相对远离。为找到“特征元空间”，本章提出特征元信息编码（Encode Meta InformaTion，Emit）这一策略，以抽取特征的高层信息表示并用于相关任务中。Emit 基于字典重构，利用特征元空间将存在异构特征的任务联系起来。这种策略使得 ReForm 与同构模型迁移[67,101]或跨模态模型迁移[29]有很大的不同。

因此，利用 Emit 为不同任务的特征找到“特征元空间”后，可以轻易获得特征之间的相似性，进一步能获得特征的对应关系。基于这种任务之间的特征联系，ReForm 框架能够通过新任务中的少量（有标记）训练数据对异构特征空间的模型进行修正和改进。本章提出两种具体的 ReForm 的实现方法，进一步考虑开放环境中特征可能存在的噪声和冗余。在不同设置下的人造数据实验中，ReForm 都能利用小样本完成训练，反映出了“学件”的关键属性。同时，ReForm 也在不同时间段文本分类、用户推荐等实际任务中取得了优异的效果。

本章首先基于上一章中重用度量的理论分析，将同构（Homogeneous）空间下模型重用对训练过程的辅助扩展到多分类问题中，其次基于理论的引导，提出针对异构空间模型重用的 ReForm 框架，包括产生“特征元空间”的 Emit 策略和考虑环境噪声冗余的具体实现；最后在实验中验证了提出框架的有效性，并对本章进行小结。

4.2 相关工作

为实现开放环境中模型的“可重用性”和“可演进性”，以往工作从不同的角度进行了探究。迁移学习尝试利用相关任务的知识。在知识迁移的过程中，具有相对完整信息的环境被视为源领域，被重点关注但仅具有有限标记样本的环境称为目标领域。迁移学习的目标是如何利用源领域的数据和模型来辅助当前目标领域的学习过程[102-103]。领域自适应（Domain Adaptation）问题中，领域之间的变化大多源于样例分布变化。相比之下，异构迁移学习更为普遍，它考虑了两个领域之间的特征形式的变化。可以通过寻找结构信息或公共子空间来联系两个领域[65-66]，但在这类方法中，我们需要提供足够的源领域样例，或需要两个领域样例的对齐/关联信息[29]。

不同于从源领域数据中抽取知识，假设迁移（Hypothesis Transfer）提出利用源领域的同构模型来处理样本分布的变化[68-69]，在二分类问题中，其有效性已经在理论上得到证明[97]。文献［104-106］将相关同构强模型的判别能力转移到弱模型中。文献［107］首先重用模型来处理特征空间的变化，并且不依赖样例间对齐的假设，但其算法需要对以往的任务要求特定的训练过程，以便对模型中蕴含的分类性能进行压缩和传递。本书的 ReForm 框架依赖多分类问题中模型重用的理论引导，从前一个任务中重用模型，并在异构特征空间中，通过有限的样本改进当前的模型，以达到适应开放环境的效果。

由于能够灵活地结合“元特征空间”中特征的关联性，最优输运（Optimal Transport，OT）成为 ReForm 框架的主要工具，用于将不同任务异构的特征关联并对齐[100,108]。由于具有多种有效的求解策略[109-111]，最优输运已经成功应用于多种机器学习领域，例如图像查询[112]、文档分类[113]、领域适配[101,114]和重心发现[115]等。在对最优输运的应用过程中，我们既可使用通过最优输运计算得到的距离度量，也可使用最优输运中优化得到的输运计划。

4.3 基于度量语义映射的模型重用框架 ReForm

本节首先从理论角度解释如何在当前任务中利用同构（具有共同的特征空间）的相关模型和有限数据完成当前任务模型的适配，此后描述基于度量学习和语义映射的异构模型映射方法（REctiFy via heterOgeneous pRedictor Mapping，ReForm）的主要思想：首先构建语义映射，其次在异构特征空间之间重用模型，最后，我们提出了 Emit 组件编码特征的元信息，这使得框架在开放环境中能够处理变化的特征。

4.3.1 符号表示

考虑 C 类分类问题，训练数据记为 $\mathcal{D}=\{(\boldsymbol{x}_i,\boldsymbol{y}_i)\}_{i=1}^N$。每个样例 $\boldsymbol{x}_i\in\mathbb{R}^d$ 满足 $\|\boldsymbol{x}_i\|_2\leqslant X$，且对应的标签 $\boldsymbol{y}_i\in\{-1,1\}^C$。其中，在每个 $\boldsymbol{y}_i$ 中 1 的位置表示当前样例的类别。每个样本 $(\boldsymbol{x}_i,\boldsymbol{y}_i)$ 从分布 $\mathcal{Z}=\mathcal{X}\times\mathcal{Y}$ 中抽样，其中 $\mathcal{X}$ 和 $\mathcal{Y}$ 分别对应样本和标签分布。$\Delta_d=\{\boldsymbol{\mu}:\boldsymbol{\mu}\in\mathbb{R}_*^d,\boldsymbol{\mu}^{\mathrm{T}}\mathbf{1}=1\}$ 表示一个 d 维的单纯形（Simplex），即向量中所有元素非负且求和为 1。

4.3.2 同构空间中的模型重用

考虑使用线性分类器 $f(\boldsymbol{x}_i)=\boldsymbol{W}^{\mathrm{T}}\boldsymbol{x}_i\in\mathbb{R}^C$ 在中心化之后的样例 $\boldsymbol{x}_i$ 上进行预测。模型 $\boldsymbol{W}\in\mathbb{R}^{d\times C}$ 中的每一列对应每一个类别的分类器向量，可以通过如下监督学习方式从训练数据中获得：

$$\min_{\boldsymbol{W}}\frac{1}{N}\sum_{i=1}^{N}\ell(f(\boldsymbol{x}_i)-\boldsymbol{y}_i)+\lambda\|\boldsymbol{W}\|_F^2 \tag{4.1}$$

向量输入损失函数 $\ell(\cdot)$：$\mathbb{R}^C\to\mathbb{R}^+$ 度量了预测结果和真实结果之间的差异，该差异越小越好。在模型重用的场景下，利用从相关任务中学到的已有的模型 $\boldsymbol{W}_0\in\mathbb{R}^{d\times C}$ 可以通过以下具有有偏正则的目标函数辅助当前模型 $\boldsymbol{W}$ 的学习：

$$\min_{\boldsymbol{W}}\underbrace{\frac{1}{N}\sum_{i=1}^{N}\ell(f(\boldsymbol{x}_i)-\boldsymbol{y}_i)}_{\epsilon_N(\boldsymbol{W})}+\lambda\|\boldsymbol{W}-\boldsymbol{W}_0\|_F^2 \tag{4.2}$$

$\epsilon_N(\boldsymbol{W})$ 是学习问题的经验误差，依赖于当前任务的 N 个样本。不直接优化经验损失，式（4.2）重用以往训练好的模型 $\boldsymbol{W}_0$，将其当作一个正则项，可以使得当前学到的模型不会偏离给定模型 $\boldsymbol{W}_0$ 太远。通过式（4.2），学习过程也可以被转化为建模学习模型 $\boldsymbol{W}_0$ 的偏移 $\Delta\boldsymbol{W}$，并通过 $\boldsymbol{W}_0+\Delta\boldsymbol{W}$ 进行预测[69] 的形式。定义式（4.2）的期望误差为

$$\epsilon\boldsymbol{W}=\mathbb{E}_{(\boldsymbol{x},\boldsymbol{y})\sim\mathcal{Z}}[\ell(f(\boldsymbol{x})-\boldsymbol{y})] \tag{4.3}$$

本节证明当利用式（4.2）进行当前任务的分类器学习时，

如果考虑一个在同样特征空间中训练好的相关任务的模型，能够辅助当前多类分类任务的学习，则由 $\epsilon_N(\boldsymbol{W})$ 趋于 $\epsilon(\boldsymbol{W})$ 的收敛速率可被提升。

定理 4-1 式（4.2）的 C 类分类问题中，给定数据 $\mathcal{D}=\{(\boldsymbol{x}_i,\boldsymbol{y}_i)\}_{i=1}^N$，$L$-Lipschitz 连续的向量输入损失函数 ℓ 有界 $\mathcal{B}$，则对于每一个模型 $\boldsymbol{W}\in\mathcal{W}$ 和 $0<\delta<1$，则

$$\epsilon(\boldsymbol{W})\leqslant\epsilon_N(\boldsymbol{W})+\frac{C_1}{N}+C_2\sqrt{\frac{\epsilon(\boldsymbol{W}_0)}{N}} \tag{4.4}$$

至少以 $1-\delta$ 的概率成立。其中 $C_1=\left(\frac{2}{3}+4LCX\right)\mathcal{B}\log 1/\delta$，$C_2=\frac{4LCX+2}{\sqrt{\lambda}}+\sqrt{2\mathcal{B}\log 1/\delta}$，$\mathcal{W}=\left\{\|\boldsymbol{W}-\boldsymbol{W}_0\|_F\leqslant\sqrt{\frac{\epsilon_N(\boldsymbol{W}_0)}{\lambda}}\right\}$。

定理 4-1 给出了一个收敛率为 $\mathcal{O}\left(\frac{1}{\sqrt{N}}\right)$ 的泛化界，和文献［86，116］中结论一致。如果提供的模型 $\boldsymbol{W}_0$ 适配当前的任务，则会有一个较小的期望误差 $\epsilon(\boldsymbol{W}_0)\to 0$，则式（4.4）的右侧将变紧，并能达到 $\mathcal{O}\left(\frac{1}{N}\right)$ 的收敛速率。此处 $\epsilon(\boldsymbol{W}_0)$ 可看作衡量两个任务相关性的指标。因此，如果有一个无信息的先验，式（4.2）将有一般化的收敛速率；而如果重用合适的相关模型，则可降低当前任务学习的样本复杂度，提高学习速率。换句话说，**只要有少量的数据**，当前任务就能达到较好的性能。该定理和定理 3-1 中的思路一致，分类问题

也可以通过重用相关问题的分类器以便减少模型训练对样本的需求。因此，本章的后续内容考虑如何利用异构特征空间中的已有模型构造出有效的适用于当前任务的模型先验。

4.3.3 异构特征空间中的重用模型

上述理论分析与算法仅限于如何在相同的特征空间内重用训练好的模型。然而，现实环境是开放的，特征集的变化限制了不同特征空间之间的直接模型重用。本书通过在特征集和模型之间构建语义映射来将模型重用扩展到异构特征空间的情况下，使得当前任务能够利用相关的异构模型。

由于不同任务的特征空间是相关的，异构空间下的模型重用要关注原始空间和当前特征空间之间的特征变换。假设每一维度特征都对应某概率分布，则两个特征集合之间的关联映射可以看作其归一化的边缘分布$\boldsymbol{\mu}_1 \in \Delta_{d_1}$和$\boldsymbol{\mu}_2 \in \Delta_{d_2}$之间的映射。在映射的过程中，我们需要考虑特征之间的相关性，即以往任务中与当前任务相似（语义相近）的特征会被映射到一起。实现这种考虑特征相似性的度量映射，可以引入矩阵$\boldsymbol{Q} \in \mathbb{R}^{d_2 \times d_1}$描述特征之间的距离，即表示从某个特征映射到另一个特征之间的代价（Cost）。两个特征之间越相似，则对应的代价越小（与度量空间中的要求类似）。因此，以往和当前任务的特征集上两两特征之间的映射$\boldsymbol{T} \in \mathbb{R}^{d_2 \times d_1}$可以通过优化如下公式得到：

$$\min_{\boldsymbol{T}}\langle \boldsymbol{T},\boldsymbol{Q}\rangle \quad \text{s.t.}\ \boldsymbol{T}\mathbf{1}=\boldsymbol{\mu}_2,\boldsymbol{T}^{\mathrm{T}}\mathbf{1}=\boldsymbol{\mu}_1,\boldsymbol{T}\geqslant 0 \tag{4.5}$$

式（4.5）与最优输运（Optimal Transport，OT）的 Kantorovitch 形式[100] 相同，学到的非负映射 $\boldsymbol{T}$ 可看作分布之间的耦合（Coupling），并描述了将两个分布对应的方式。

式（4.5）的优化变量 $\boldsymbol{T}$ 为输运计划，它指示如何从一个集合到另一个集合进行语义映射。对于某个特征，其对应概率分布的每一个单元将根据 $\boldsymbol{T}$ 被移动到相似的特征上，以达到特征映射较小的输运成本。因此 $\boldsymbol{T}$ 在某种程度上表示了以往任务和当前任务两个特征集之间特征的相似性。值得注意的是，该特征语义映射 $\boldsymbol{T}$ 也可以在**模型空间**上使用，即利用特征相似度对分类器的维度进行加权，一个模型的参数可以被转移到另一个模型的参数上。例如，当交换特征的位置以构造新的特征空间时，对应的特征代价矩阵为置换矩阵（Permutation Matrix），并揭示特征之间的对应关系。当输入边缘分布是均匀分布时，OT 将输出反映两个特征集之间的正确对应关系的置换矩阵[101]。将这种特征对应关系应用于模型参数，可以将以往任务中“训练好”的分类器完美地转换成当前任务的分类器。在一般情况下，基于特征输运计划 $\boldsymbol{T}$ 的模型变换也是有意义的，因为对于两个模型而言，相似的特征通常具有相似的参数值。例如，文本分类中每个特征对应一个单词，由于都和“总统”这一概念相关，预测“政治”的分类器对“特朗普”的预测权重可能接近“奥巴马”[117]，因此如果语义映射 $\boldsymbol{T}$ 反映出特征“特朗普”和“奥巴马”相似，则可以将某特征的分类器权重应用于另一个特征上。

基于上述分析，本书提出利用度量学习和语义映射的异构空间模型矫正（REctiFy via heterOgeneous pRedictor Mapping，ReForm）框架，在不同的特征空间之间重用相关任务的模型。具体来说，当前任务维度为 $d=d_2$，目标是重用维度为 d_1 的相关任务的模型 $\hat{\boldsymbol{W}}_0 \in \mathbb{R}^{d_1 \times C}$。ReForm 的主要思路是基于特征的相似性关系，利用特征空间之间的语义映射 $\boldsymbol{T} \in \mathbb{R}^{d_2 \times d_1}$，从而设定当前任务的学习先验 $\boldsymbol{W}_0 = d_2 \boldsymbol{T} \hat{\boldsymbol{W}}_0$。常数 d_2 用于调整边缘分布的权值。基于新的样本，利用式（4.2）可以对当前模型进行调整。

4.3.4 代价矩阵和特征元表示

很明显，式（4.5）中代价矩阵 $\boldsymbol{Q}$ 反映了开放环境中环境变化的影响，即异构特征空间之间的关系。某些场景下可以人工设置两两特征之间的距离。为了使模型可演进并能够被广泛用于实际问题中，本书提出“特征元表示”（Feature Meta Representation）这一概念，并基于特征元表示生成 $\boldsymbol{Q}$。特征的元表示在多种任务中可以直接获得。例如，文档分类问题中，每个单词都可以用 word2vec[118] 方式表示为一个向量；推荐系统中，每一个和用户交互的商品，都可以使用商品的图片信息特征作为其元表示。虽然不同的任务具有异构的特征空间，但从特征元表示的角度看，在此过程中，**特征的元表示是共享并且不变的**。因此，我们可以将元表示作为模型的规约（Specification），并用其描绘环境可演进的属性，特别是在具有不同特征的变化环境中以促进特征关系的构建。构成代价矩阵 $\boldsymbol{Q}$，可以将其中每一个元素设为对应的两个特征元表示之间的（平方）欧氏距离。

ReForm 框架也可以从特征元空间中的**重构**角度来解释。定义“特征元（表示）空间”，不同任务每一维度的特征在该空间都表示为一个向量，即特征的元表示可以看作元空间中的样例。给定元数据 $\boldsymbol{M}_1 = \{\boldsymbol{m}_m\}_{m=1}^{d_1} \in \mathbb{R}^{D\times d_1}$ 和 $\boldsymbol{M}_2 = \{\boldsymbol{m}_n\}_{n=1}^{d_2} \in \mathbb{R}^{D\times d_2}$，其中每一列是某个任务特征的一个 D 维向量表示。虽然模型具有不同的特征维度 d_1 和 d_2，但我们专注于其公共的规律性质，即所有特征都使用**同一种**表示形式存在于特征元空间中。我们分析这个元空间中特征的变化，并将两个任务之间的特征变化视为该特征元空间中元表示之间的分布变化。这种分布变化可以通过式(4.5)利用最优输运发现两组特征元表示之间的关系[101]。代价矩阵 $\boldsymbol{Q}(\cdot,\cdot)$ 是每两个元表示之间的距离，并且 $\boldsymbol{T} \in \mathbb{R}^{d_2\times d_1}$ 直接指明如何低代价地传输一组元特征到另一个元特征集合：给定 $\boldsymbol{T}$，一个特定元特征 $\boldsymbol{m}_n$ 将通过重心映射（Barycenter Mapping）转移到 $\boldsymbol{M}_1$ 域中的 $\hat{\boldsymbol{m}}_n$ 上[114]：

$$\hat{\boldsymbol{m}}_n = \underset{\boldsymbol{m}}{\operatorname{argmin}} \sum_{m=1}^{d_1} \boldsymbol{T}_{n,m} C(\boldsymbol{m}, \boldsymbol{m}_m), \quad n = 1, \cdots, d_2 \tag{4.6}$$

当 $C(\boldsymbol{m},\boldsymbol{m}_m)= \|\boldsymbol{m}-\boldsymbol{m}_m\|^2$ 为两个特征元表示之间欧氏距离的平方时，式（4.6）中的优化形式有闭式解 $\hat{\boldsymbol{M}}_2 = \boldsymbol{M}_1(\mathrm{diag}(\boldsymbol{T}\mathbf{1})^{-1}\boldsymbol{T})^{\mathrm{T}}$。此外，当边缘分布为均匀分布时，该闭式解可以进一步简化为 $\hat{\boldsymbol{M}}_2 = d_2\boldsymbol{M}_1\boldsymbol{T}^{\mathrm{T}}$。

这种变换可看作使用系数 $d_2\boldsymbol{T}^{\mathrm{T}}$ 和领域 $\boldsymbol{M}_1$ 中的元表示来重构领域 $\boldsymbol{M}_2$ 中的元表示。ReForm 假设这种关系也可以被用于模型空间中，即使用领域 $\boldsymbol{M}_1$ 中的模型 $\hat{\boldsymbol{W}}_0$ 通过 $\boldsymbol{W}_0^{\mathrm{T}} = \hat{\boldsymbol{W}}_0^{\mathrm{T}}(d_2\boldsymbol{T})^{\mathrm{T}}$ 的方式重构领域 $\boldsymbol{M}_2$ 中的模型 $\boldsymbol{W}_0$。这种将特征空间中的重构关系同样用于模型空间中的想法展示于图 4.2 中，ReForm 能够利用变换 $\boldsymbol{W}_0 = d_2\boldsymbol{T}\hat{\boldsymbol{W}}_0$ 处理异构特征空间的模型。

4.3.5 Emit：编码特征元信息

在难以获得特征的具体意义的场景中，或者没有提供特征元表示的情况下，本书提出了一种新颖的策略——编码特征元信息（Encode Meta InformaTion of features，Emit），使 ReForm 能够学习特征的元表示。为了获得两个任务的特征的元表示形式，我们考虑将以往任务和当前任务利用其共享的特征联系起来。具体而言，Emit 将任务之间共享部分的特征当作字典，通过字典重建任务特有的特征，即使用两个任务共享部分的特征连接两个任务中不重叠的特征。

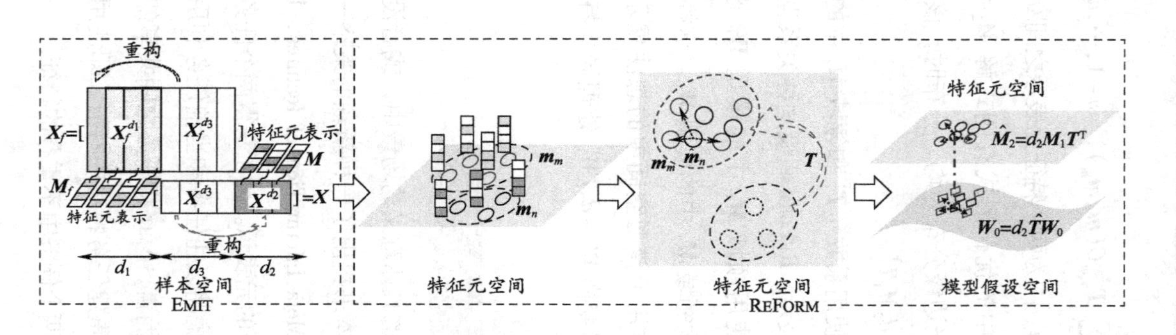

图4.2 ReForm框架示意图

注：特征“元表示”通过特征空间中的最优输运来传递。旧特征的重构系数也适用于领域特定模型之间的重构关系。

将前一个任务的特征（有 N_f 个样本）$\boldsymbol{X}_f$ 和当前任务的特征 $\boldsymbol{X}$ 进行分解：$\boldsymbol{X}_f=[\boldsymbol{X}_f^{d_1}\in\mathbb{R}^{N_f\times d_1},\boldsymbol{X}_f^{d_3}\in\mathbb{R}^{N_f\times d_3}],\boldsymbol{X}=[\boldsymbol{X}^{d_3}\in\mathbb{R}^{N\times d_3},\boldsymbol{X}^{d_2}\in\mathbb{R}^{N\times d_2}]$。由于 $\boldsymbol{X}_f^{d_3}$ 和 $\boldsymbol{X}^{d_3}$ 对应任务之间共享的特征且有同样的特征含义（值得注意的是，$\boldsymbol{X}_f^{d_3}$ 和 $\boldsymbol{X}^{d_3}$ 中样本数目可能不同），因此可以使用它们表示/重构 $\boldsymbol{X}_f^{d_1}$ 和 $\boldsymbol{X}^{d_2}$：

$$\|\boldsymbol{X}_f^{d_1}-\boldsymbol{X}_f^{d_3}\boldsymbol{R}_f\|_F^2+\lambda\sum_{m=1}^{d_1}\|\boldsymbol{R}_{f,m}\|_0,\ \|\boldsymbol{X}^{d_2}-\boldsymbol{X}^{d_3}\boldsymbol{R}\|_F^2+\lambda\sum_{n=1}^{d_2}\|\boldsymbol{R}_n\|_0 \tag{4.7}$$

$\boldsymbol{R}_f\in\mathbb{R}^{d_3\times d_1}$ 和 $\boldsymbol{R}\in\mathbb{R}^{d_3\times d_2}$ 是重构系数，其第 m 和第 n 列，即 $\boldsymbol{R}_{f,m}\in\mathbb{R}^{d_3}$ 和 $\boldsymbol{R}_n\in\mathbb{R}^{d_3}$ 对应特定特征的系数，可以用于特征的元表示。$\lambda>0$ 是正则项系数，控制重构系数的稀疏程度。式（4.7）将公共部分的特征 $\boldsymbol{X}_s^{d_3}$ 和 $\boldsymbol{X}^{d_3}$ 作为字典进行重构，该优化问题可以通过正交匹配追踪（Orthogonal Matching Pursuit，OMP）算法快速求解。因此，对于两个重叠的特征集，我们通过上述优化可以得到 $\boldsymbol{R}_f$ 和 $\boldsymbol{R}$，然后通过它们之间的（平方）欧氏距离来计算任务特定的特征转移代价矩阵 $\boldsymbol{Q}$。值得注意的是，Emit 策略是无监督的，可以包含未标记的样例并获得更好的重建结果。

在实际问题中，元特征表示通常是公开信息并可以公开获得，例如词向量（word2vec）。通过 Emit，元表示可以在之前任务的训练过程中独立构建。与在不同任务之间共享数据不同，模型和重构系数的传递在模型重用过程中保护了原始数据（以往任务的训练数据）的隐私。此外，特征元表示反映了特征的变化，并有助于模型感知环境的变化。因此，Emit 赋予模型在异构空间中演进的能力，这也是 ReForm 框架中的关键步骤。

4.4 模型重用框架 ReForm 的具体实现

ReForm 框架为从具有异构特征的任务中重用相关模型的一般性方法。因为基于最优输运过程构建的语义映射未考虑当前任务的样例，所以通过式（4.2）构造的先验 $\boldsymbol{W}_0$ 仍然存在缺陷。本节关注两个任务特征空间不重叠部分之间的转换，并实现 ReForm 框架的两个变体。具体而言，本节首先提出了一种尺度自适应（Scale Adaptive）的方法，以考虑不同特征相异的尺度；同时也考虑将最优输运的优化纳入模型重用过程，使其在学习模型映射的过程中能够考虑到当前任务训练数据的影响。

假设前一个任务特有的特征（d_1 维）优先排列，然后是任务之间的共享特征（d_3 维），最后是当前任务的特有特征（d_2 维），如图 4.1 所示。根据任务特定的特征和任务之间共享的特征，前一个任务中训练好的模型（分类器）可以分解为两个部分，具体为 $\hat{\boldsymbol{W}}_0=[\hat{\boldsymbol{W}}_0^{d_1};\hat{\boldsymbol{W}}_0^{d_3}]$，$\hat{\boldsymbol{W}}_0^{d_1}\in\mathbb{R}^{d_1\times C}$，$\hat{\boldsymbol{W}}_0^{d_3}\in\mathbb{R}^{d_3\times C}$。同样，当前任务的模型也有 $\boldsymbol{W}=[\boldsymbol{W}^{d_3};\boldsymbol{W}^{d_2}]$，并且转

换之后的分类器也被分解为 $\boldsymbol{W}_0=[\boldsymbol{W}_0^{d_3};\boldsymbol{W}_0^{d_2}]$。ReForm 实现的目标就是在当前任务学习 $\boldsymbol{W}$ 的过程中重用前一个任务的模型 $\hat{\boldsymbol{W}}_0$，并基于当前任务中有限的样本（$\boldsymbol{X},\boldsymbol{Y}$）提升性能。

4.4.1 自适应尺度的 ReForm 实现方法

原始最优输运模型 $\boldsymbol{W}_0^{d_2}=d_2\boldsymbol{T}\hat{\boldsymbol{W}}_0^{d_1}$ 缺失处理不同特征尺度以及考虑复杂映射关系的灵活性。一方面，直接通过常数 d_2 来对模型进行尺度变化是不够的；另一方面，新的特征可能对当前任务产生负面影响，或存在噪声和冗余。因此，本书将尺度和模型分成两个部分考虑。令 $\boldsymbol{W}_0^{d_2}$ 为模型部分，同时添加一个针对每一个类别设定的尺度矩阵 $\boldsymbol{A}\in\mathbb{R}^{d_2\times C}$ 用于考虑尺度和符号，最终分类器为 $\boldsymbol{W}_0=[\hat{\boldsymbol{W}}_0^{d_3};\boldsymbol{A}\odot d_2\boldsymbol{T}\hat{\boldsymbol{W}}_0^{d_1}]=[\hat{\boldsymbol{W}}_0^{d_3};\boldsymbol{A}\odot\boldsymbol{W}_0^{d_2}]$。符号⊙表示元素乘积。当前分类器 $\boldsymbol{W}$ 和尺度系数 $\boldsymbol{A}$ 可以通过如下目标函数学习：

$$\min_{\boldsymbol{W},\boldsymbol{A},\boldsymbol{b}}\|\boldsymbol{X}\boldsymbol{W}+\boldsymbol{1}\boldsymbol{b}^{\mathrm{T}}-\boldsymbol{Y}\|_F^2+\lambda_1\|\boldsymbol{W}-\boldsymbol{W}_0\|_F^2+\lambda_2\|\boldsymbol{A}\|_F^2 \quad (4.8)$$

式（4.8）中的前两项学习一个最小二乘 SVM 类型的分类器[119]，但是使用有偏模型的先验 $\boldsymbol{W}_0$ 作为正则。第三项调节变换的分类器的尺度和符号。其中 $\boldsymbol{b}\in\mathbb{R}^C$ 是一个偏移向量，且 λ_1、λ_2 为非负权重。

由于 $\boldsymbol{b}=\frac{1}{N}(\boldsymbol{Y}^{\mathrm{T}}\boldsymbol{1}-\boldsymbol{W}^{\mathrm{T}}\boldsymbol{X}^{\mathrm{T}}\boldsymbol{1})$，因此引入中心化矩阵 $\boldsymbol{H}=\boldsymbol{I}-\frac{1}{N}\boldsymbol{1}\boldsymbol{1}^{\mathrm{T}}$ 消除目标函数中的偏移 $\boldsymbol{b}$：

$$\min_{W,A}\|HXW-HY\|_F^2+\lambda_1\|W-W_0\|_F^2+\lambda_2\|A\|_F^2 \tag{4.9}$$

最终优化目标可以通过交替优化求解。基于固定的尺度矩阵，优化目标重用前一个任务的模型 W_0 辅助当前的任务；而对于某个固定的分类器，相关任务模型的尺度可以根据当前的数据进行调整。尺度矩阵 A 初始化为值全为 1 的矩阵，当前任务的分类器 W 可以使用如下闭式解获得：

$$W=(X^{\mathrm{T}}HX+\lambda_1 I)^{-1}(\lambda_1 W_0+X^{\mathrm{T}}HY) \tag{4.10}$$

该闭式解的计算在高维问题中可以使用矩阵的 Woodbury 等式进行简化。处理尺度矩阵时，首先将原优化问题转化为如下形式：

$$\min_{A}\lambda_1\|W^{d_2}-A\odot W_0^{d_2}\|_F^2+\lambda_2\|A\|_F^2 \tag{4.11}$$

然后将每一个类别分解为子问题。对于第 c 个类别，有

$$\begin{aligned}&\min_{a_c}\lambda_1\|W_c^{d_2}-a_c\odot W_{0,c}^{d_2}\|_F^2+\lambda_2\|a_c\|_F^2\\ =&\min_{a_c}\lambda_1\|W_c^{d_2}-\mathrm{diag}(W_{0,c}^{d_2})a_c\|_F^2+\lambda_2\|a_c\|_F^2\end{aligned} \tag{4.12}$$

a_c、$W_c^{d_2}$、$W_{0,c}^{d_2}$ 分别为矩阵 A、W^{d_2} 和 $W_0^{d_2}$ 的第 c 列。由此可以得到闭式解

$$a_c=(\lambda_1\mathrm{diag}(W_{0,c}^{d_2}\odot W_{0,c}^{d_2})+\lambda_2 I)^{-1}\lambda_1(W_{0,c}^{d_2}\odot W_c^{d_2}) \tag{4.13}$$

总之，当从先前任务重用相关异构模型时，本节的 ReForm 实现通过利用当前的任务数据来学习分类器的尺度，这可以用于考虑负变换关系并识别映射中的冗余和噪声。

4.4.2 学习变换的 ReForm 实现方法

与先前方法中使用预先计算的输运计划不同，为了充分利用当前任务中的数据，ReForm 实现还可以在训练过程中结合最优输运的求解过程，以便找到具有当前数据的语义映射。此时，目标函数是

$$\begin{aligned}&\min_{W,b,T} \|Y-XW-\mathbf{1}b^{\mathrm{T}}\|_F^2+\lambda_1\|W-W_0\|_F^2+\lambda_2\langle T,Q\rangle\\&\text{s.t.}\quad W_0=[\hat{W}_0^{d_3};d_2T\hat{W}_0^{d_1}]\\&\qquad T\in\mathcal{T}=\left\{T\geqslant 0,T\mathbf{1}=\frac{1}{d_2}\mathbf{1},T^{\mathrm{T}}\mathbf{1}=\frac{1}{d_1}\mathbf{1}\right\}\end{aligned}\tag{4.14}$$

式(4.14)在学习 W 时明确地引入了 T 的优化过程。因此，当用固定语义映射 T 对分类器进行优化时，变换之后的模型被当作一个好的先验来进行重用；当分类器 W 固定时，最优输运问题也考虑学习过程的影响，根据学习性能微调输运策略 T。交替优化过程可利用前一节的方法消去偏移向量 b，并得到 W 的闭式解，如式(4.10)。当优化 T 时，子问题可以重新表示为

$$\min_{T\in\mathcal{T}} f(T)=\lambda_1\|W^{d_2}-d_2T\hat{W}_0^{d_1}\|_F^2+\lambda_2\langle T,Q\rangle\tag{4.15}$$

不同于经典最优输运问题，式（4.15）对 T 有一个二次项，可以看作一个非线性的正则项。因此，一般的加速技术，如 Sinkhorn 方法[109] 不能用于该问题的求解。本书选择 Bregman 交替方向乘子法（Bregman Alternating Direction Method of Multipliers，BADMM）[110] 高效求解该子问题。BADMM 将原始

交替方向乘子法优化过程中的增广拉格朗日项替换为 Bregman 散度，其通用形式可以线性化损失函数并进行加速。引入辅助变量 $\boldsymbol{Z}$ 并令 $\boldsymbol{Z}=\boldsymbol{T}$，BADMM 将 $\boldsymbol{T}$ 的复杂约束分解为两个部分，即 $\boldsymbol{T}\in\mathfrak{T}_1=\boldsymbol{T}\mathbf{1}=\frac{1}{d_2}\mathbf{1},\boldsymbol{T}\geqslant 0$ 和 $\boldsymbol{Z}\in\mathfrak{T}_2=\boldsymbol{Z}^{\mathrm{T}}\mathbf{1}=\frac{1}{d_1}\mathbf{1},\boldsymbol{Z}\geqslant 0$。对于第 t 轮迭代，BADMM 依次优化如下三个步骤：

$$\boldsymbol{T}^{t+\frac{1}{2}}=(\boldsymbol{Z}^{t\frac{\rho}{\rho+\rho x}}\odot\boldsymbol{T}^{t\frac{\rho x}{\rho+\rho x}})\oslash(e^{\frac{U^t+\nabla f(\boldsymbol{T}^t)}{\rho+\rho x}}),\boldsymbol{T}^{t+1}=\operatorname{diag}\left(\frac{1}{d_2\boldsymbol{T}^{t+\frac{1}{2}}\mathbf{1}}\right)\boldsymbol{T}^{t+\frac{1}{2}}$$

$$\boldsymbol{Z}^{t+\frac{1}{2}}=\boldsymbol{T}^{t+1}e^{\frac{U^t}{\rho}},\boldsymbol{Z}^{t+1}=\boldsymbol{Z}^{t+\frac{1}{2}}\operatorname{diag}\left(\frac{1}{d_1\boldsymbol{Z}^{t+\frac{1}{2}\mathrm{T}}\mathbf{1}}\right)$$

$$\boldsymbol{U}^{t+1}=\boldsymbol{U}^t+\rho(\boldsymbol{T}^{t+1}-\boldsymbol{Z}^{t+1})$$

上标表示优化的迭代轮数，其中 $\rho>0$ 和 $\rho_x>0$ 是系数，U 是对偶变量，$\oslash$ 表示元素除法。中间变量 $\nabla f(\boldsymbol{T}^t)=\boldsymbol{\lambda}_1(-2d_2\boldsymbol{W}^{d_2}\hat{\boldsymbol{W}}_0^{d_1\mathrm{T}}+2d_2^2\boldsymbol{T}^t\hat{\boldsymbol{W}}_0^{d_1}\hat{\boldsymbol{W}}_0^{d_1\mathrm{T}})+\boldsymbol{\lambda}_2\boldsymbol{Q}$。由于每一步优化都只涉及元素计算且有闭式解，因此整个过程很高效。

4.5 实验验证

本节在人造数据集中测试 ReForm 并研究不同情况下的模型重用的性能，其中特征被人工划分以构成不同的任务，特征元信息由 Emit 生成。此外，本节也在各种现实世界的开放环境中测试了 ReForm 方法，实验结果表明 ReForm 能有效应对开放环境中特征的变化，并能够重用训练好的异构模型以辅助新任务。

4.5.1 不同参数设置下人造数据集的分类任务

本节首先在没有元特征表示的 9 个 UCI 数据集上探索本书的 ReForm 方法。对于每个数据集，我们将所有样例的特征随机分为三部分，以往任务的特定特征（d_1）、当前任务的特定特征（d_2）和任务的共享特征（d_3）的维度占比为 45%、45%和 10%。因此，先前任务和当前任务之间只有 10%的重叠特征。每个数据集中一半的样例用于构造以往的任务。对以往任务使用 LSSVM[119] 训练分类器，通过交叉验证进行参数调整。在当前任务剩下的一半样例中，仅从每个类抽取 2 个样例进行当前任务分类器的训练，然后将 80%的样例用于测试。这个过程重复 30 次试验。由于其无监督性质，Emit 方法可以使用所有特定任务的实例来生成特征的元表示。

考虑自适应规模和使用 BADMM 的求解方法，本节将两个 ReForm 实现分别表示为 ReForm_A 和 ReForm_B，并将其与各种基准方法进行比较。在特征变换的任务中，有以下几种基本算法：首先，可以直接在当前任务有限的样例上应用线性 SVM；其次，可以从以往任务训练好的分类器中提取分类器共享的部分，并将剩余部分填充为 0 值或通过 OT 进行转换，获得当前任务能被重用的同构模型。LSSVM[69] 的运算方程式依照式（4.2）。其使用上述两种模型先验的结果表示为 $LSSVM_A$ 和 $LSSVM_{OT}$。OPID[107] 涉及以往任务的训练，并且整合了最后阶段的分类器。由于仅能够使用有限的训练样本，因此所有方法都使用默认参数。此设置也适用于其他实验。

表 4.1 中展示了不同方法的测试结果（测试准确率、平均值±标准差）。每个数据集上最好的性能使用粗体表示。从表中可以发现，当只有少量的训练样本时，SVM 的性能表现不佳。然而，在重用以往任务的模型后，SVM 的性能将提高，这与定理 4-1 中的结果一致。具有 OT 转换的自适应 LSSVM 有时表现更好，例如在 mfeat_fou 和 spectf 中。这表明 OT 转换策略能够在不同的特征空间之间找到良好的先验。然而，$LSSVM_A$ 的测试性能也有较好的表现，这是因为在许多实际问题中，分类器的零先验就已经足够好了。OPID 使用集成学习策略来组合以往任务的分类器。由于训练样本数量和重叠特征有限，OPID 的表现不佳。本书的 ReForm 方法可以在 8 个数据集中相比于其他方法获得更好的结果，这显示其能够通过 Emit 构造反映特征性质的元表示，有效地重用已有的异构模型，并结合当前任务有限的训练样本以适配一个适合当前任务的模型。由于 $LSSVM_{OT}$ 等于不优化尺度的 $ReForm_A$，后者的优势验证了考虑尺度的必要性。最后两行列出了 ReForm 和其他方法相比 t-检验的 Win/Tie/Lose 计数

表 4.1 ReForm_A 和 ReForm_B 的分类性能（测试准确率、平均值±标准差）的比较

	ReForm_A	ReForm_B	OPID	LSSVM_A	LSSVM_{OT}	SVM
caltech30	**.262±.013**	.248±.011	.128±.042	.256±.009	.219±.006	.123±.017
reut8	.696±.024	**.745±.015**	.592±.183	.690±.015	.689±.015	.570±.024
spambase	.731±.086	**.786±.032**	.673±.196	.741±.032	.739±.037	.644±.126
waveform	**.609±.051**	.497±.036	.516±.077	.514±.022	.459±.041	.344±.024
colic	.619±.074	**.632±.075**	.565±.137	.588±.072	.600±.085	.605±.081
credit-g	.609±.060	.598±.078	**.610±.171**	.606±.059	.558±.098	.545±.130
mfeat_ fou	**.488±.035**	.480±.020	.351±.037	.325±.018	.355±.016	.318±.032
optdigits	**.572±.020**	.495±.018	.384±.040	.422±.014	.360±.012	.229±.054
spectf	.569±.128	**.634±.142**	.463±.061	.589±.133	.592±.120	.301±.028
W/T/L	ReForm_A vs. others		6/3/0	5/4/0	5/4/0	8/1/0
W/T/L	ReForm_B vs. others		7/2/0	6/1/2	8/1/0	8/1/0

注：最后两行为 ReForm 和其他方法比较的 Win/Tie/Lose 计数（显著性级别为 95%的 t-检验）。

（t-检验的显著性级别为 95%），这也表明了本书的 ReForm 框架相比于其他方法更能够适应特征变化的开放环境。

本节还研究了在具有不同配置的任务下 ReForm 的性能，即当任务之间有更多的共享特征，并且当前任务训练样例的数量增加时，不同方法的性能变化。结果如图 4.3 所示，其中每列对应一个数据集，左列显示了特征重叠比例从 10%到 60%的变化，右列显示了当前任务每一个类别的训练样本数从 2 增加到 20。在特征和样本数目变化的场景下，两个任务特征的重叠范围越大，当前任务重用以往任务模型的效果越好；类似地，当前任务的训练样本增多也能辅助训练更好的模型，这种准确率递增的趋势在图 4.3 中清晰可见。在整个变化过程中，ReForm 方法一般具有更好的性能，这表明了开放环境中 ReForm 的可演进性。

4.5.2 不同时间段下的用户质量分类

本节使用 ReForm 方法，在亚马逊用户点击数据集[120-121]的“电影和电视”子类别中对不同时间阶段的亚马逊用户进行高品质用户的预测。用户的质量由其对商品写的评价的有用性来判断。具体而言，我们将用户历史评论有用与否的比率分为 5 个级别。用户的特征是基于历史行为构建的，即用户对商品评价的记录。随着时间的改变，更多的项目将被添加，并且过期的项目将从在线商店中删除。因此，用户项目类型特征在不同的时间范围内是不同的。任务 1-3 的时间范

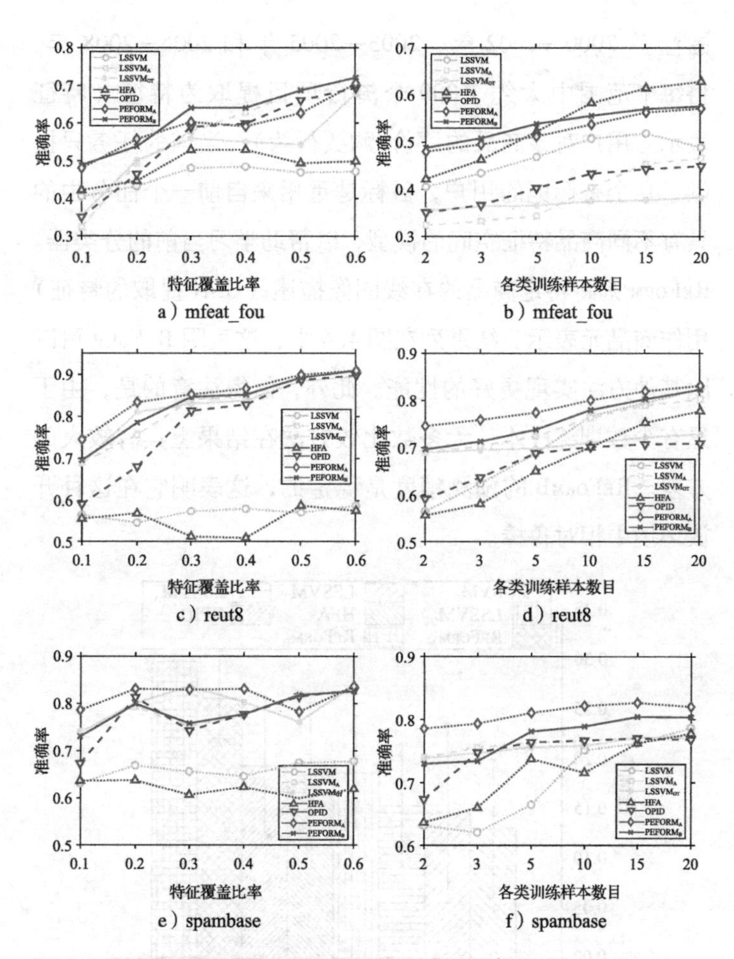

图 4.3 ReForm 和对比方法的结果在 mfeat_fou、reut8 和 spambase 上准确率的变化

注：左列中的曲线显示了具有不同特征重叠比（0.1 至 0.6）的任务之间重用模型的性能；而右列则展示了训练示例的数量增加情况，即每一个类别的训练样本的数量从 2 变化到 20。

围涵盖 2000—2002 年、2003—2005 年和 2006—2008 年，将每个范围中大约 1 000 个流行项目提取为特征（特征表示为用户对该商品的评价/购买行为）。当前的任务只提供了几个有标记的用户，目标是重用来自前一个任务中的具有不同商品特征空间的模型，以帮助学习当前的分类器。ReForm 则将特定商品的在线图像描述（CNN 提取的特征）用作商品元表示。结果列在图 4.4 中，这表明 ReForm 可以比其他方法实现更好的性能。此外，值得注意的是，由于只有少数训练样本，大多数比较方法在结果上具有较大的方差。ReFormB 的预测精度是稳定的，这表明它在这种开放环境中相对鲁棒。

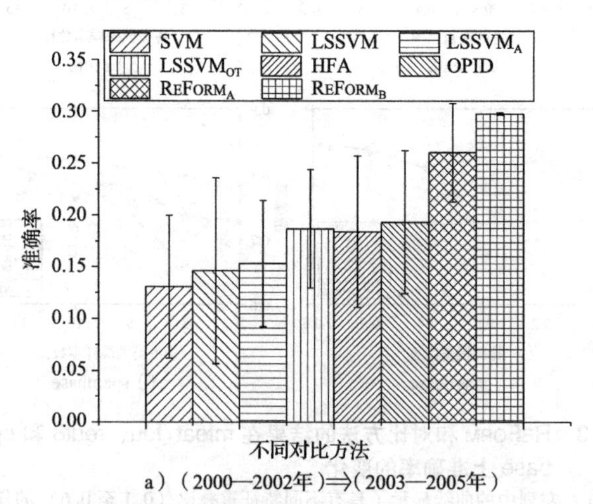

a）（2000—2002年）⇒（2003—2005年）

图 4.4　亚马逊电影和电视评估数据在不同年份范围内的用户质量预测精度

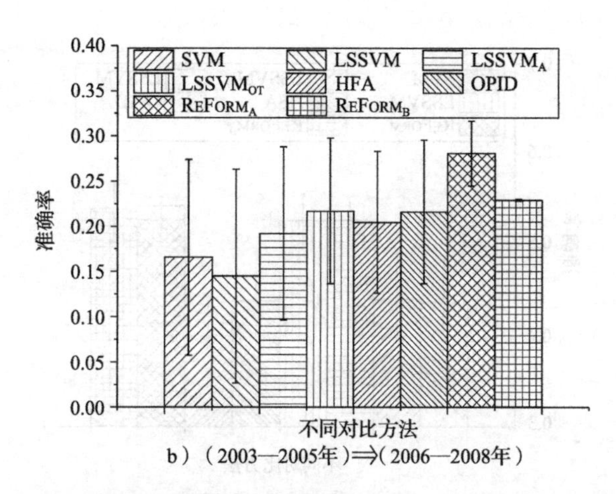

b）（2003—2005年）⇒（2006—2008年）

图 4.4 亚马逊电影和电视评估数据在不同年份范围内的用户质量预测精度（续）

4.5.3 不同时间段下的论文主题分类

学术论文中的“热门词汇”随着时间的推移而变化。例如，提出的新方法中附有新词，过时的词汇将会消失。本节从“国际机器学习会议 ICML”中收集论文，然后为每一个单词提取 TF-IDF 特征（每年 2 000~3 000 个关键词特征）进行论文分类任务。论文的标签根据其所在会议的分会主题而定，共分为 10 类。由于不同年份的论文有差异，因此每年的样例都有不同的特征空间。词向量（word2vec）[118] 可用于表示特征元信息。本节主要研究三个连续的年份，即由 2013 年语料库训练好的文本分类模型被重用于 2014 年的模型构造过程中，以此类推，结果列于图 4.5 中。将不同方法的性能

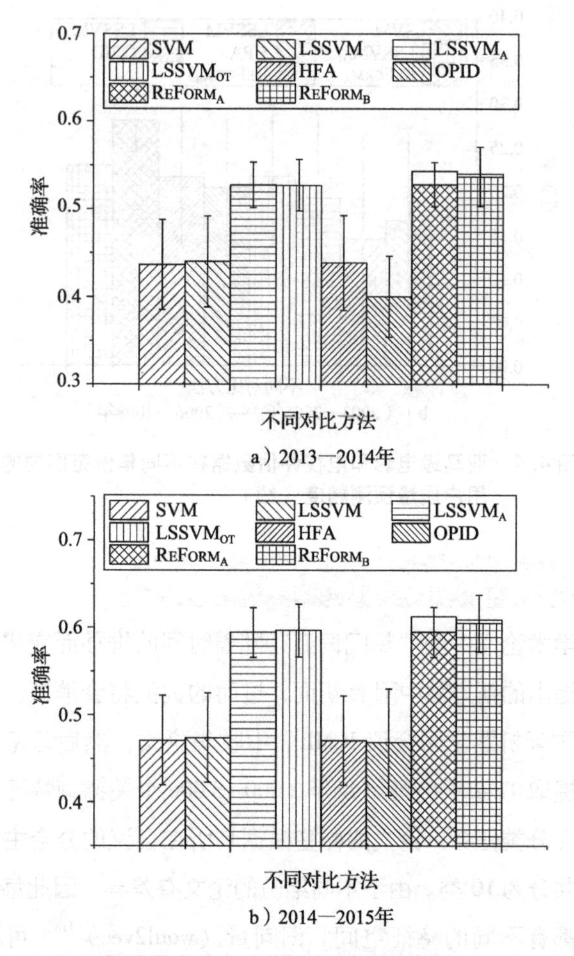

图 4.5　不同年份学术论文分类任务的预测精度。本书 ReForm 实现顶部的空白块显示了使用 LSSVM 进行集成后的性能增量

进行比较，不仅显示了ReForm的优异结果，而且还展示了其在数量有限样本上的可演进性。此外，当配备集成策略时，通过与LSSVM的结果进行等权重综合，ReForm结果将获得另一次提升，这种差异反映在基本ReForm方法结果顶部的空白块中。

4.6 本章小结

本章从模型输入“特征”在开放环境中受到影响的角度进行探究，考虑在开放环境中不同任务之间存在特征空间变化并且训练样本少的问题。基于上一章对度量学习训练样本复杂度的分析，本节考虑重用模型以达到降低样本复杂度的效果，这也吻合学件的“可重用性”和“可演进性”的思想。为考虑不同特征空间的差异性，本书通过度量学习和语义映射矫正异构空间中的模型（REctiFy via heterOgeneous pRedictor Mapping，ReForm），使得以往任务重训练好的模型能够辅助当前小样本的训练任务。具体而言，本书提出“特征元空间”的概念，将不同任务的特征属性联系在一起，并提出编码元信息（Encode Meta InformaTion of features，Emit）方法，获取不同任务特征的元表示。实验表明本章的方法能够有效应用于开放环境中，并且扩展了第3章中对小样本问题的分析，使得当前任务能够重用不同特征空间的模型。在开放环境中，模型除了在输入上会受到影响，在输出的标记空间中也会存在困难，例如对象中会含有复杂的语义信息。在后一章中，本书将讨论如何考虑开放环境中的不同多样化语义信息，使得模型有更强的表示能力。

本章的主要工作：

- **YE H J**，ZHAN D C，JIANG Y，et al. Rectify Heterogeneous Models with Semantic Mapping [C]//Proceedings of the 35th International Conference on Machine Learning (ICML). ACM，2018：1904—1913.（CCF-A 类会议）

第 5 章

多语义环境下的多度量学习方法探究

5.1 引言

度量学习方法通常考虑从数据中学习用于测量所有对象之间相似性的度量。在辅助信息的监督下，训练好的距离度量揭示了对象特征之间的相关性，并能用于解释它们之间相互关联的原因[36-37,41]。已有的度量学习方法大多依赖单个度量，即全局度量。这种基于全局度量的学习模式的局限在于假设数据中仅存在一种类型的特征相关关系来衡量对象之间的相似性，而在开放环境中，从模型输出的角度看，对象存在**两个方面的多样化语义**。首先，对象本身的语义可能是多样的、丰富的，例如文本和图像；同时，对象之间的关联关系也可能是多样的，有多种原因的。因此，单个度量无法准确反映输出空间中的多样化语义信息。近年来，局部度量学习考虑数据的局部特性，在不同局部区域学习度量，以处理异构数据[42,71]。这种基于数据局部特性的多度量，使得同一局部区域中的对象共享度量，并将相似的对象拉到一起，不相似的对象互相推离。这种方式虽然违背了度量的假设，但提升了度量空间的表示能力，并在处理异构数据时呈现出优异的效果。考虑多个局部度量相当于假设利用数据空间的局部特性解释对象之间的关联性。这种局部度量的考虑也可以被进一步推广，使得每一个样例都具有一个度量[46,122]。

大多数现有的全局和局部度量学习方法强调对象之间的关联关系（包括“必连”和“勿连”）都只具有单一的语义。尽管在空间局部区域中学习了多个度量，但实际在度量任意两个样本之间关系时只能选择单一的度量以确定对象之间的相似关系。通过这种局部度量的方式解释对象之间的相似性仅揭示了辅助关联关系中表面的弱监督信息，而忽略了其中丰富的潜在语义。在实际问题的开放环境中，两个对象相似可能有很多不同的原因[123-124]。探索对象之间关联的**本质原因**在社交网络、图像检索等各个领域都有相关的应用[32,72,125]。

对象之间的连接（关联关系）可能存在**多个潜在的语义**，即两个对象之所以有联系可能有多种原因。如图 5.1 所示，每一个潜在语义都反映了对象的某种特性，通过某个“视角”观察对象，相当于利用某个特定的关联性考查所有对象之间是否存在关系。这种与特定语义有关的“视图”可以使用度量矩阵来进行描述。例如，在社交网络中，用户之间的好友关系可能源于用户多样的爱好。即使两个用户互相是好友，他们的共同爱好也可能是不同的。某个用户和不同好友之间的关系可能源于他们不同的爱好。因此，我们应该同时考虑用户之间可能存在的多种爱好，仅从一个角度来判断两个用户是否是好友是很困难并且不合理的。相似的情况也出现在文本分类的问题中。假设文章主题为“A. 特征学习”，并与子领域“B. 特征选择”和“C. 子空间模型”密切相关，但论文之间关联性的具体语义是不同的。“A”和“B”之间的联系强调“选择有用的特征”，而“A”和“C”之间的共同语义是“抽取子空间”或“特征变换”。尽管具有主题“A”的论文彼此相似，但这种相似性仍可能依赖于子领域主题的多样性。上述例子都表明对象之间的连接并非是单一的而是存在丰富多样并且模糊的语义，所以需要多个度量来发现这些潜在语义之间的相关性和差异性。

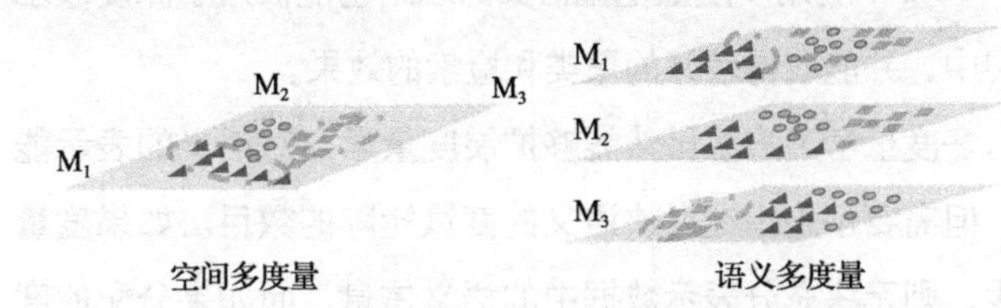

图 5.1　空间多度量与语义多度量的差异

针对对象间可能存在的多种语义关系，本书提出了一种统一的多度量学习（Unified Multi-Metric Learning，UM²L）框架。该框架分配多个度量以测量样例之间的距离，其中每个度量反映了对象的某种空间或语义属性的类型，并且通过统一的目标函数考虑对象连接间的语义多样性。通过多个度量，在语义或空间上相似的样本之间具有较小的距离，而语义或空间上不相似的样本被彼此推离。在测试期间，UM²L 可以自动选择或集成对象间多个距离度量。具体而言，UM²L 将多个度量视为不同语义空间的语义成分，并且基于它们的不同属性产生一对对象的相似性。UM²L 可以同时处理二元组和三元组这两种不同的关联辅助信息。针对二元组情况，本章也给出对应的理论，证明了算法的泛化性能。为反映对象之间潜在联系的物理意义，本章为 UM²L 设计了一种能产生稀疏度量矩阵的正则项，并提供相应的求解策略。实例化 UM²L 中损失函数和正则项的具体形式，可以将 UM²L 变化为已有的多种度量学习方法，例如多度量大间隔学习[42]。值得一提的是，UM²L 中利用多度量挖掘语义的思路也能被用于深度表示学习中，并能取得较好的聚类和检索的效果。

多度量学习方法虽然能够扩展度量学习对语义的表示能力，但需要预先指定反映语义的度量矩阵的数目。如果度量过少，则无法充分表示数据中的语义信息，而如果分配的度量过多，则容易导致过拟合并加重计算的负担。和以往方法直接学习多个局部度量矩阵不同[42,46,70-71,122]，针对多度量的学习模式，本书发现**在学习多个局部度量时需要考虑全局度量带来的辅助效果**。一旦全局度量表现良好，局部度量就相对冗余，可以退化为全局度量。因此，本章也考虑处理全局和多个局部度量之间的选择困境。此外，本书发现全局度量也能够提供性能上的帮助，使得多个局部度量能够构建在全局度量的基础之上，而不是重新学习。

基于利用全局度量的这种想法，本书提出自适应多度量学习框架 Lift（Local metrIcs Facilitated Transformation），同时优化全局和多个局部度量。全局度量在全局关联辅助信息的指导下产生度量，使其能够刻画样本之间关联性的平均性质，这也是全局度量辅助局部度量的基础。同时，针对局部度量，该框架刻画了“局部分解全局”与“局部覆盖全局”两种情况，能够同时针对“空间多度量”和“语义多度量”。从算法的角度来看，一旦全局度量很好地表达了相应的局部度量，某些局部偏差就可以退化为 0。因此，Lift 能够自适应地产生局部度量，这使得 Lift 方法免于分配过多的局部度量；此外，如果全局度量能较好地适应某个局部区域，就可以从理论上证明 Lift 泛化能力的样本复杂度将被降低，也说明利用全局度量能够使得局部度量的学习更加有效。

具体而言，Lift 优化全局度量以及多个局部度量的偏差，并学习不同区域的局部中心以确定局部分布，这种在训练中适配局部的方式使其可以自动调整局部区域的关联辅助信息。为考虑不同局部度量之间的差异性，本章针对 Lift 也提出了矩阵的差异化正则项。大量数据集的实验结果表明，Lift 具有比其他度量学习方法更好的分类能力，验证了考虑全局度量辅助的作用。

本章的后续内容将先介绍多度量学习的相关工作，其次介绍考虑多语义的多度量学习方法 UM²L，以及动态自适应多度量学习方法 LIFT，最后通过实验对这两种方法的有效性进行验证，并进行本章小结。

5.2 多度量学习方法的相关工作

不同于全局度量学习方法使用单一的度量矩阵对所有可能的样本对进行比较，局部度量学习方法不局限于单一类型的特征关系，而是进一步考虑空间中数据的异质性（Heterogeneity），例如，可以基于不同的局部区域[42]构建[70-71]或生成[126]多个度量矩阵。此外，也有方法考虑将距离度量扩展至训练集中每一个样本以便进一步增强分类性能[46,122]。虽然为不同局部分配了多个度量，但这些方法首先完全依赖标签中的语义，并将其当作仅存的指导信息；同时，对于每一个样本，仅能使用当前局部代表的度量矩阵，而无法同时考虑多种不同的语义信息。

在社交网络的研究中，通过考虑用户的个性对用户之间的关系进行挖掘[123,125]。在度量学习的研究领域中，文献［127］和文献［72］也利用度量矩阵考虑对象关联中的语义。但前者只限于考虑标签中的语义，而后者只能模拟“噪声或”（Noisy Or）运算导致的语义关系。UM²L 利用统一的框架，在考虑二元和三元辅助信息的同时，也能考虑对象间多样的关系。在表示学习中，文献［39，73，128］考虑根据样本的相互距离同时学习多个可能的低维度表示，并获取多个不同的视图。与此相比，UM²L 能利用样本的特征信息，也可以利用不同实际场景下的先验信息以辅助对象间语义关系的构建。已有局部度量方法需要预先确定度量的数目，而本章提出的 LIFT 方法能够动态分配度量，提升模型能力的同时也降低了模型的复杂度。

正如第 3 章所描述的，度量学习的理论方法当前大多集中在单度量的分析中。本章针对多度量学习方法，首先给出了泛化性的理论保证，其次在 LIFT 算法框架中证明了全局度量对局部度量的影响。

深度度量学习（Deep Metric Learning）利用深度神经网络作为样本的特征表示函数，并利用二元或三元组信息来监督学习过程。样本对中不同的样例共享特征表示函数，并考虑不同性质的损失函数对聚类和检索问题的帮助[25,74-75,77]。UM²L 的想法可以和深度度量学习进行联系，即在共同的表示上学习多个可能的度量，并在计算损失函数时考虑不同类型的语义联系。基于实验结果，利用 UM²L 的深度度量学习方法能取得比以往方法更好的结果。

5.3 考虑多语义的多度量学习方法 UM²L

本节提出统一的多度量学习框架 UM²L，利用多个度量分析数据中存在的多样化语义。本节首先引入框架，其次详细讨论如何通过控制框架中的算子以适应不同场合下的语义，最后叙述求解策略、泛化分析以及深度扩展。

5.3.1 统一的多度量学习框架

将多度量学习框架中待学习的 K 个度量表示为集合 $\mathcal{M}_K=\{\boldsymbol{M}_1,\boldsymbol{M}_2,\cdots,\boldsymbol{M}_K\}$，对于其中任意一个度量 $k=1,\cdots,K$，都有 $\boldsymbol{M}_k\in S_d^+$。不失一般性地可以将两个样本之间的相似度表示为样本对之间的负距离，即 $f_{\boldsymbol{M}_k}(\boldsymbol{x}_i,\boldsymbol{x}_j)=-\mathrm{Dis}^2_{\boldsymbol{M}_k}(\boldsymbol{x}_i,\boldsymbol{x}_j)$。在多度量学习的场景下，定义基于多个度量产生的相似度集合为 $f_{\mathcal{M}_K}=\{f_{\boldsymbol{M}_k}\}_{k=1}^K$，集合中的每一个元素都通过某种语义反映对象之间的相似性。对相似的样本 $(\boldsymbol{x}_i,\boldsymbol{x}_j)$，基于 $f_{\mathcal{M}_K}$ 定义其间“综合相似度”为 $f_1(\boldsymbol{x}_i,\boldsymbol{x}_j)=\kappa_1(f_{\mathcal{M}_K}(\boldsymbol{x}_i,\boldsymbol{x}_j))$。其中 $\kappa_1(\cdot)$ 为和具体应用有关的函数算子，将基于多个语义的多个相似度映射为单一的综合相似度。$f_1(\cdot)$ 和 $\kappa_1(\cdot)$ 中的下标 1 表示针对相似样本对的综合相似度与算子，类似地，将 $f_{-1}(\cdot)$ 和 $\kappa_{-1}(\cdot)$ 用于不相似样本对。所以对象之间的综合相似度度量 f_1 和 f_{-1} 分别基于 κ_1 和 κ_{-1}。根据上述定义和讨论，可以得到统一的多度量学习（Unified Multi-Metric Learning，UM²L）框架。针对二元组辅助信息有

$$\min_{\mathcal{M}_K}\frac{1}{P}\sum_{(i,j)\in\mathcal{P}}\ell(q_{ij}(f_{q_{ij}}(\boldsymbol{x}_i,\boldsymbol{x}_j)-\gamma))+\lambda\sum_{k=1}^{K}\Omega_k(\boldsymbol{M}_k)\tag{5.1}$$

针对三元组辅助信息有

$$\min_{\mathcal{M}_K} \frac{1}{T} \sum_{(i,j,l)\in T} \ell(f_1(\boldsymbol{x}_i,\boldsymbol{x}_j)-f_{-1}(\boldsymbol{x}_i,\boldsymbol{x}_l))+\lambda \sum_{k=1}^{K} \Omega_k(\boldsymbol{M}_k) \quad (5.2)$$

$\ell(\cdot)$ 为非递减凸的损失函数，输入值越大则输出越小。通过优化上述目标，相似的样本对相比于不相似的样本对将有更大的综合相似度。具体而言，在二元组场景中，式（5.1）通过阈值 $\boldsymbol{\gamma}$ 使得相似的样本对的综合相似度大于 $\boldsymbol{\gamma}$，而不相似的样本对之间的综合相似度要小于 $\boldsymbol{\gamma}$。在利用三元组辅助信息的式（5.2）中，一个三元组中相似样本对的综合相似度要比不相似样本对之间的综合相似度大。值得注意的是，在上述目标函数中，样本间相似度的度量都涉及多个不同的度量矩阵 $\mathcal{M}_K$，通过将多个不同的度量和相似度放在一起优化，使得利用不同度量的相似度和距离可比[42]。$\Omega_k(\boldsymbol{M}_k)$ 针对每一个度量矩阵进行结构或者先验的约束。$\boldsymbol{\lambda} \geqslant 0$ 为正则化的权重参数。

上述 UM²L 框架能够统一多个当前已有的度量学习方法。例如，当只有单一的度量矩阵时（$K=1$），可以得到文献［24］中使用的度量学习框架；如果使用铰链损失，并令正则项 $\Omega(\boldsymbol{M})=\mathrm{tr}(\boldsymbol{M}B)$，其中 $B=\sum_{(i,j)\in\mathcal{P},y_i=y_j}(\boldsymbol{x}_i-\boldsymbol{x}_j)(\boldsymbol{x}_i-\boldsymbol{x}_j)^\top$ 为相似样本对之间的协方差，则 UM²L 的三元组形式能够变化为大间隔度量学习方法 LMNN[41]；如果对度量使用迹范数进行约束，则可以变化为文献［129］中的方法；当有多个度量时，如果令 $\boldsymbol{\kappa}_{\pm1}$ 为样本对中第二个类别指示函数，即 $\boldsymbol{\kappa}(f_{M_1}(\boldsymbol{x}_i,\boldsymbol{x}_j),\cdots,f_{M_K}(\boldsymbol{x}_i,\boldsymbol{x}_j))=f_{M_{y_j}}(\boldsymbol{x}_i,\boldsymbol{x}_j)$，则 UM²L 可以被转

化为多度量大间隔度量学习方法 MMLMNN[42]。

由于在开放环境中提供的样本关联辅助信息无法直接指明具体使用的是哪种语义，因此 UM²L 中通过 κ 灵活指定语义性质这一特点更加重要。例如，在社交网络中，互为好友的用户只会共享某些特定的爱好，而不可能在所有爱好上都相似。在这种场景下，我们可以使用不同的度量反映用户不同的爱好，即在每一个度量计算出用户针对每一个爱好的相似度后，利用算子 $\kappa_{\pm 1}$ 进行选择或综合出两个用户之间的相似度，并进行最终的判断或学习。

5.3.2 基于算子 κ 引申出的多样化语义

通过设置 κ，UM²L 能够同时考虑**空间上**和**语义上**的样本连接，并能够对其进行**综合**或**选择**。

最基本的综合策略是把使用所有度量衡量下的相似度或距离进行求和，即 $\kappa_1 = \kappa_{-1} = \Sigma$。这种方法同等看待所有语义，一般在对问题没有任何先验信息的情况下使用。这种求和式的算子具有“自适应”的特性，当某一个度量能够较好地完成度量任务时，剩余的度量矩阵会由于正则项的约束而退化至 0。下一小节中讨论的自适应多度量学习方法 LIFT 即利用了这一性质。为考虑空间上多度量的连接关系，我们可以在算子 κ 中引入空间局部信息，例如使用径向基函数使其对样本度量的选择依赖样本的局部位置。

当 κ 对多度量进行选择时，UM^{2}L 能够自动为每一个样本对分配度量，并解释样本之间的关联关系。这种对多度量的选择方法一方面降低了初始辅助信息选择的影响[62]，另一方面也使得最能反映样例语义的度量被筛选出来，以便后续进行样本之间的比较。对算子 κ 的选择依赖于具体的应用，下文将讨论 3 种典型的算子，并对其如何解释对象间的语义连接做进一步讨论。

顶端抑制相似度（Apical Dominance Similarity，ADS）：类似植物中的顶端抑制效果，在衡量对象之间的相似性时，只有最重要的成分被考虑进相似性的度量中。在此情况下，$\kappa_1=\kappa_{-1}=\max(\cdot)$，即要求相似样本之间最大的相似度成分需要大于不相似样本之间最大的相似度成分。换句话说，当两个对象相似时，至少需要在某一个度量表示的相似成分上相似，而如果两个对象之间不相似，则需要在所有度量对应的成分上都表现为不相似。这种关联关系适用于社交网络中用户好友关系的度量。如果两个用户是好友，则在众多可能的爱好中，至少存在某种爱好是两个用户共有的，而如果两个用户不相似，则他们没有任何共同爱好。这种假设与文献［123，125］等工作中的假设相同，但使用基于多度量学习的方法进行社交网络中语义的挖掘，能够在学习之后通过度量对用户的特征、用户之间的关联性进行解释。图 5.2 展示了 ADS 的示意图。

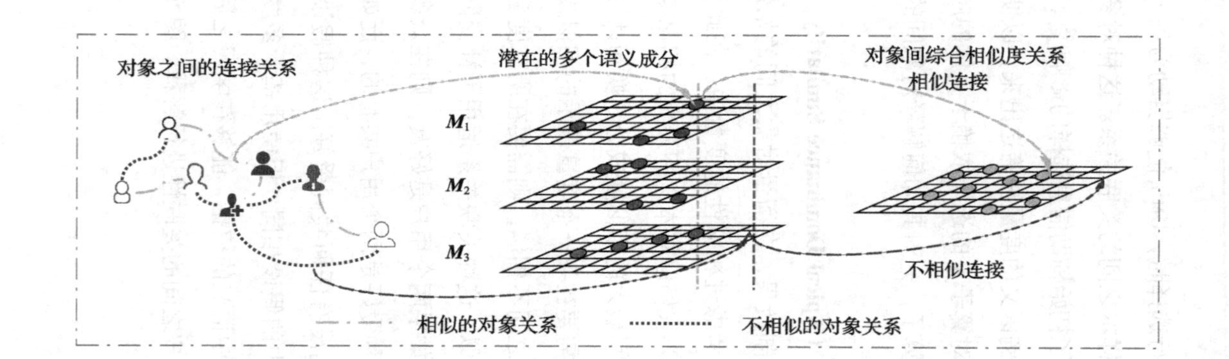

图5.2 $U_{M^2L_{ADS}}$相似度示意图

注：左图显示了一个社交网络中用户间的好友关系，反映在右侧的用户相似度图中。每一个度量反映了用户在不同语义成分上的相关性（中间图中的圆圈表示在某度量下两个样本之间是否相似）。

一票决定相似度（One Vote Similarity，OVS）：这一相似度表示在决定两个对象是否相似时，可能存在某种关键的语义成分，直接决定其综合表现为相似或不相似。此时，$\boldsymbol{\kappa}_1=\max(\cdot)$ 且 $\boldsymbol{\kappa}_{-1}=\min(\cdot)$。这种算子设置可以度量两个对象之间的相似性，只要其在某一个成分上相似，这两个对象就表现为相似；同样地，如果两个对象在某一个语义成分上表现为不相似，那么就是不相似的。因此，这种语义选择方法可以作为一种对开放环境中复杂语义成分的“解释器”，可以用于发现图像或者文本中可能存在的语义成分。值得注意的是，当使用 OVS 相似度时，如果使用不正确的正则项$\Omega(\cdot)$ 将会导致平凡解，使得只有某一个度量是有意义的，而其余度量都为 0。这种情况需要使用有偏的正则项 $\Omega_k(\boldsymbol{M}_k)=\|\boldsymbol{M}_k-\boldsymbol{I}\|_F^2$ 或者约束每一个度量矩阵的迹为 1。

排序归并相似度（Rank Grouping Similarity，RGS）：这种相似度使得相似样本对通过不同度量产生的所有成分都要表现为比通过不相似度量产生的所有成分更加相似。我们可以将利用不同度量计算的样本对之间的相似度看作一个数轴，其中，相似样本对之间的所有可能的相似度值都被归并在一起，并表现为比不相似样本对之间所有的相似性度量值要大。此时，$\boldsymbol{\kappa}_1=\min(\cdot)$ 而 $\boldsymbol{\kappa}_{-1}=\max(\cdot)$。因此，相似的样本在所有的语义成分上都要表现为相似，而不相似的样本通过所有度量都要表现为不相似。这种相似度有助于要求不同度量之间保持语义的一致性，例如在多模态问题中，要求通过不同的物理模态进行度量时，对象之间的相似度都保持一致[130]。

尽管算子 $\boldsymbol{\kappa}$ 有不同的选择，但最终的确定需要依赖真实环境下的应用。除了算子，在目标函数中，正则项 $\Omega_k(\cdot)$ 也可以有多种不同的形式。不同于以往工作使用 F 范数设置度量矩阵的正则项，本节考虑使用 $\ell_{2,1}$ 范数 $\Omega(\boldsymbol{M}_k)=\|\boldsymbol{M}_k\|_{2,1}$ 使度量矩阵能表现更多的结构信息，即要求度量矩阵的行和列同时具有稀疏性；或要求 $\Omega_k(\boldsymbol{M}_k)=\mathrm{Tr}(\boldsymbol{M}_k)$，这种设置下要求度量矩阵有低秩性。综上所述，由于统一的框架可以根据算子和正则的不同实现在不同场景中的应用，因此将该方法命名为统一的多度量学习方法。

5.3.3 UM²L 统一的求解算法

本小节对 UM²L 框架给出统一的求解方案。具体来说，当 $\boldsymbol{\kappa}_{\pm 1}$ 为 $\max(\cdot)$ 或 $\min(\cdot)$ 这类分段线性算子时，UM²L 可以通过交替优化的方法求解，即分别优化度量矩阵集合 $\mathcal{M}_K$ 与每一个样本对度量的选择。给定学到的度量矩阵集合 $\mathcal{M}_K$，一对样本 $\boldsymbol{\tau}=(\boldsymbol{x}_i,\boldsymbol{x}_j)$ 对应的度量可以直接获得。例如，当 $\boldsymbol{\kappa}=\max(\cdot)$ 时，$k_\tau^*=\mathrm{argmax}_k f_{\boldsymbol{M}_k}(\boldsymbol{x}_i,\boldsymbol{x}_j)$，即为 $\mathcal{M}_K$ 中产生最大相似度度量的索引。当为每一个样本对找到“激活”的度量矩阵时，后续的度量学习问题转化为只针对激活度量的线

性优化问题。重复上述步骤即可得到最终结果。

考虑到第 3 章中对度量学习性质的分析，利用平滑的损失函数能够在相同样本的情况下提升模型性能，因此将损失函数限制为平滑铰链函数，即

$$\ell(x)=\begin{cases}0 & \text{如果 } x\geqslant 1\\ \frac{1}{2}(1-x)^2 & \text{如果 } 0\leqslant x<1\\ \frac{1}{2}-x & \text{如果 } x<0\end{cases} \tag{5.3}$$

对于式（5.1）中二元组形式，目标函数针对多个度量矩阵 $\boldsymbol{M}_k$，$k=1,\cdots,K$ 的梯度为

$$\begin{aligned}\frac{\partial\ell(\mathcal{M}_K)}{\partial\boldsymbol{M}_k}&=\frac{1}{P}\sum_{\tau=(i,j)\in\mathcal{P}}\frac{\partial\ell(q_{ij}(-\langle\boldsymbol{M}_{k_\tau^*},\boldsymbol{A}_{ij}\rangle-\gamma))}{\partial\boldsymbol{M}_k}\\&=\frac{1}{P}\sum_{\tau=(i,j)\in\mathcal{P}}\frac{\partial\ell(a_\tau)}{\partial\boldsymbol{M}_k}=\frac{1}{P}\sum_{\tau=(i,j)\in\mathcal{P}}\nabla_{\boldsymbol{M}_k}^{\tau}(a_\tau)\end{aligned} \tag{5.4}$$

而对于式（5.2）中的三元组形式，$k_{1,\tau}^*$ 和 $k_{-1,\tau}^*$ 分别表示三元组 $\boldsymbol{\tau}=(i,j,l)$ 的相似/不相似样本对 $\boldsymbol{\kappa}_1(f_{\mathcal{M}_K}(\boldsymbol{x}_i,\boldsymbol{x}_j))$ 和 $\boldsymbol{\kappa}_{-1}(f_{\mathcal{M}_K}(\boldsymbol{x}_i,\boldsymbol{x}_l))$ 中被激活的度量的索引。此时，针对度量 $\boldsymbol{M}_k$ 的梯度为

$$\begin{aligned}\frac{\partial\ell(\mathcal{M}_K)}{\partial\boldsymbol{M}_k}&=\frac{1}{T}\sum_{\tau=(i,j,l)\in\mathcal{T}}\frac{\partial\ell(\langle\boldsymbol{M}_{k_{-1,\tau}^*},\boldsymbol{A}_{il}^t\rangle-\langle\boldsymbol{M}_{k_{1,\tau}^*},\boldsymbol{A}_{ij}^t\rangle)}{\partial\boldsymbol{M}_k}\\&=\frac{1}{T}\sum_{\tau=(i,j,l)\in\mathcal{T}}\frac{\partial\ell(a_\tau)}{\partial\boldsymbol{M}_k}=\frac{1}{T}\sum_{\tau=(i,j,l)\in\mathcal{T}}\nabla_{\boldsymbol{M}_k}^{\tau}(a_\tau)\end{aligned} \tag{5.5}$$

在上述梯度计算过程中，对每一个 $\boldsymbol{a}_\tau$ 产生的偏导 $\nabla^{\tau}_{\boldsymbol{M}_k}(\boldsymbol{a}_\tau)$ 列举在表 5.1 中。

表 5.1　二元组和三元组形式下 UM²L 目标函数针对度量矩阵 $\boldsymbol{M}_k$ 的梯度

	二元组	三元组	条件
$\nabla^{\tau}_{\boldsymbol{M}_k}(a_\tau)$	0	0	$a_\tau \geqslant 1$
	$(1-a_\tau)q_{ij}\boldsymbol{A}_{ij}\delta[k^*_\tau=k]$	$(a_\tau-1)(\boldsymbol{A}_{il}\delta[k^*_{-1,\tau}=k]$ $-\boldsymbol{A}_{ij}\delta[k^*_{1,\tau}=k])$	$0<a_\tau<1$
	$q_{ij}\boldsymbol{A}_{ij}\delta[k^*_\tau=k]$	$\boldsymbol{A}_{ij}\delta[k^*_{1,\tau}=k]-\boldsymbol{A}_{il}\delta[k^*_{-1,\tau}=k]$	$a_\tau \leqslant 0$

注：定义 a_τ 为损失函数的输入值，在二元组情况下为 $q_{ij}(\langle -\boldsymbol{A}_{ij},\boldsymbol{M}_{k^*_T}\rangle-\gamma)$，三元组情况下为 $\langle \boldsymbol{M}_{k-1,\tau},\boldsymbol{A}^t_{il}\rangle-\langle \boldsymbol{M}_{k^*_{1,\tau}}\boldsymbol{A}^t_{ij}\rangle$。

对于平滑的正则项如 F 范数约束 $\Omega_k(\boldsymbol{M}_k)=\|\boldsymbol{M}_k\|_F^2$ 或矩阵迹约束 $\Omega_k(\boldsymbol{M}_k)=\mathrm{Tr}(\boldsymbol{M}_k)$，其对应的度量梯度为在上述梯度后增加平滑项 $2\lambda\boldsymbol{M}_k$ 或 $\lambda\boldsymbol{I}$。在这种情况下，使用加速投影梯度下降法[131-132] 对度量矩阵的子问题进行求解。每一次梯度下降之后，通过投影操作保持度量矩阵为半正定矩阵。

如果需要强调度量矩阵的结构信息，本节提出使用 $\ell_{2,1}$ 范数对度量矩阵进行正则，即 $\Omega_k(\boldsymbol{M}_k)=\|\boldsymbol{M}_k\|_{2,1}$，并使用快速迭代阈值收缩算法（Fast Iterative Shrinkage-Thresholding Algorithm，FISTA）对这种同时含有平滑和非平滑的优化目标进行优化[133]。FISTA 大致优化过程如下，假设梯度下降的步长为χ，首先针对平滑的损失函数进行梯度下降，得到中间结果 $\boldsymbol{V}_k=\boldsymbol{M}_k-\chi\dfrac{\partial\ell(\mathcal{M}_K)}{\partial\boldsymbol{M}_k}$，之后对近端优化（Proximal Operator）

子问题进行求解，并做进一步优化：

$$M'_k = \arg\min_{M \in \mathcal{S}_d} \frac{1}{2} \| M - V_k \|_F^2 + \lambda \| M \|_{2,1} \tag{5.6}$$

在度量学习的研究中，文献［24，134］通过实验论证，在训练过程中，可以只要求度量矩阵的对称性，在优化过程的最后一步再做半正定投影，这种简化的操作能够极大程度地加快优化速度，并取得和每一步都做半正定投影接近的性能。本节也考虑这种优化模式，即在近端优化子问题中，只要求度量矩阵保持对称性。由于 $\ell_{2,1}$ 范数只限制了行的稀疏性，文献［56］使用交替投影方法对子问题进行求解，具有较大的计算开销。本节提出重加权（Reweight）方法，利用下述引理快速求解近端优化子问题：

定理 5-1 式（5.6）中的近端优化子问题可以通过交替更新对角矩阵 $\boldsymbol{D}_1$ 和 $\boldsymbol{D}_2$ ㊀：

$$\boldsymbol{D}_{1,rr} = \frac{1}{2\|\boldsymbol{m}_r\|_2}, \boldsymbol{D}_{2,cc} = \frac{1}{2\|\boldsymbol{m}^c\|_2}, r, c = 1, \cdots, d$$

和对称矩阵 $\boldsymbol{M}$

$$\mathrm{vec}(\boldsymbol{M}) = \left(\boldsymbol{I} \otimes \left(\boldsymbol{I} + \frac{\lambda}{2}\boldsymbol{D}_1\right) + \left(\frac{\lambda}{2}\boldsymbol{D}_2 \otimes \boldsymbol{I}\right)\right)^{-1} \mathrm{vec}(\boldsymbol{V}_k)$$

$\mathrm{vec}(\boldsymbol{M})$ 将矩阵拉伸为向量形式，而⊗表示 Kronecker 乘积。上述每一个子问题的更新都有闭式解的形式，因此优化速度

㊀ 当 $\|\boldsymbol{m}_r\|_2$ 或 $\|\boldsymbol{m}^c\|_2$ 趋于0时需要在分母上增加微弱的扰动。

有显著的提升。

定理 5-1 中对 $\boldsymbol{M}$ 的更新同时考虑了行和列上的稀疏性，实验中发现，上述更新方法一般在 5~10 次迭代后即可收敛。

5.3.4 $\mathrm{UM^2L}$ 的泛化性能分析

本小节考虑对利用二元组辅助信息的 $\mathrm{UM^2L}$ 框架进行泛化性分析，并假设正则化为 F 范数。针对 $P=N(N-1)$ 种可能的约束，式（5.1）对应的经验目标函数为

$$\min_{\mathcal{M}_K}\frac{1}{p}\sum_{i=1}^{N}\sum_{j\neq i}\ell(q_{ij}(f_{q_{ij}}(\boldsymbol{x}_i,\boldsymbol{x}_j)-\gamma))+\lambda\sum_{k=1}^{K}\|\boldsymbol{M}_k\|_F^2$$

$$=\min_{\mathcal{M}_K}\epsilon_N(\mathcal{M}_K,\mathcal{D})+\lambda\sum_{k=1}^{K}\|\boldsymbol{M}_k\|_F^2 \tag{5.7}$$

而对应的期望目标函数为

$$\min_{\mathcal{M}_K}\mathbb{E}_{\boldsymbol{x}_1,\boldsymbol{x}_2}[\ell(q_{12}(f_{q12}(\boldsymbol{x}_1,\boldsymbol{x}_2)-\gamma))]+\lambda\sum_{k=1}^{K}\|\boldsymbol{M}_k\|_F^2$$

$$=\min_{\mathcal{M}_K}\epsilon(\mathcal{M}_K,\mathcal{Z})+\lambda\sum_{k=1}^{K}\|\boldsymbol{M}_k\|_F^2 \tag{5.8}$$

$\epsilon_N(\mathcal{M}_K,\mathcal{D})$ 和 $\epsilon(\mathcal{M}_K,\mathcal{Z})$ 分别为 $\mathrm{UM^2L}$ 的经验和期望损失函数，其中的 $\mathcal{D}$ 和 $\mathcal{Z}$ 表示这两个变量与训练数据集和真实分布分别相关，当不出现歧义时，将省略表示。泛化性目标即为关联 $\epsilon_N(\mathcal{M}_K)$ 与 $\epsilon(\mathcal{M}_K)$。

定义 $\mathcal{M}_K^*=\{\boldsymbol{M}_1^*,\cdots,\boldsymbol{M}_1^*\}$ 为式（5.7）的最优解，通过该最优解的性质，可以将优化问题限制在一个有界的域中。具体而言，$\epsilon_N(M_K^*)+\lambda\sum_{k=1}^{K}\|\boldsymbol{M}_k^*\|_F^2\leqslant\epsilon_N(0)\leqslant\ell_u$，且

$\sum_{k=1}^{K} \|\boldsymbol{M}_k^*\|_F^2 \leqslant \frac{\ell_u}{\lambda}$。其中 $\ell_u = \max(\ell(\gamma), \ell(-\gamma))$。

定理 5-2 假设 $\mathcal{M}_K \in \Gamma = \left\{ \{\boldsymbol{M}_k \in \mathcal{S}_d\}_{k=1}^{K}, \sum_{k=1}^{K} \|\boldsymbol{M}_k\|_F^2 \leqslant \frac{\ell_u}{\lambda} \right\}$，对于所有 i 和 j 有 $\|\boldsymbol{A}_{ij}\|_F \leqslant \boldsymbol{A}$，损失函数 $\ell(\cdot)$ 为 $\mathfrak{L}$-Lipschitz 连续，则㊀：

$$\epsilon(\mathcal{M}_K) \leqslant \epsilon_N(\mathcal{M}_K) + \frac{4L\ell_u A}{\lambda\sqrt{N}} + 4\mathfrak{L}\left(\frac{A\ell_u}{\lambda} + \gamma\right)\sqrt{\frac{\log 1/\zeta}{2N}} \tag{5.9}$$

至少以概率 $1-\zeta$ 成立。

不同于以往工作，定理 5-2 中同时考虑多个度量矩阵的泛化性。根据式（5.9），经验与期望损失之间的误差的收敛率为 $\mathcal{O}\left(\frac{1}{\sqrt{N}}\right)$，这和单个度量的情形相同[35,58,64,95]。当训练样本数目足够大时，训练集上的经验损失能够充分反映真实分布的性质，因此优化得到的多个度量矩阵都能很好地应对分布中抽取的未知样本。尽管度量矩阵的数目增加了，但是度量矩阵的范数仍然被约束住。值得注意的是，当度量的数目较大时，假设空间的表示能力也在增强，那么经验误差 $\epsilon_N(\mathcal{M}_K)$ 会随之降低，在有足够样本的情况下泛化界会变得更紧。

㊀ 基于已有工作和本书前述分析，理论分析只利用了度量矩阵的对称性。

5.3.5 UM²L 的深度度量学习扩展

根据马氏距离度量和样本投影的转化（式（2.7）），度量矩阵可被分解为 $\boldsymbol{M}=\boldsymbol{L}\boldsymbol{L}^{\top}$，其中 $\boldsymbol{L}\in\mathbb{R}^{d\times d'}$，$d'\leqslant d$ 是投影空间的维度。度量学习相当于寻找有效的投影空间，使得在该投影空间中，欧氏距离能反映对象之间的性质。从这个角度看，UM²L 使用 $\mathcal{L}_K=\{\boldsymbol{L}_1,\cdots,\boldsymbol{L}_K\}$ 寻找了多个可能的投影空间，使得每一个投影空间能反映对象的某种语义性质。

不同于传统度量学习方法使用线性投影 $\boldsymbol{L}$ 寻找投影空间，UM²L 可以考虑利用深度神经网络的强表示能力对模型进行增强，因此，UM²L 可以使用深度表示进行非线性化。假设有神经网络 $h:\mathbb{R}^d\to\mathbb{R}^{d_m}$ 将 d 维输入映射到 d_m 维空间中，而在此空间中，考虑使用多个投影 $\mathcal{L}_K=\{\boldsymbol{L}_k\in\mathbb{R}^{d_m\times d_l}\}_{k=1}^{K}$ 将样本投影到多个不同的语义空间。样本对$(\boldsymbol{x}_i,\boldsymbol{x}_j)$，在第 k 个语义空间中的距离为 $\mathrm{Dis}_{L_k}^2(\boldsymbol{x}_i,\boldsymbol{x}_j)=\|\boldsymbol{L}_k h(\boldsymbol{x}_i)-\boldsymbol{L}_k h(\boldsymbol{x}_j)\|_F^2$，而样本之间的综合距离/相似度可以使用 $\boldsymbol{\kappa}$ 进行选择或融合，即 $f_{q_{ij}}(\boldsymbol{x}_i,\boldsymbol{x}_j)=\boldsymbol{\kappa}_{q_{ij}}(-\mathrm{Dis}_{L_1}^2(\boldsymbol{x}_i,\boldsymbol{x}_j),\cdots,-\mathrm{Dis}_{L_K}^2(\boldsymbol{x}_i,\boldsymbol{x}_j))$。利用式（5.1）的目标函数，可以同时优化神经网络映射 h 和语义映射 $\mathcal{L}_K$。三元组也能有类似的操作。在实验中，使用 GoogLeNet[135] 可以实现非线性映射 h，优化则在使用 GoogLeNet 的预训练权重上进行微调。

5.4 多度量自适应选择框架 LIFT

考虑到开放环境中语义的多样性和模型的表示能力，本书在多度量学习的场景下，进一步提出对多个度量的自适应选择。本节首先引入在学习多个局部度量时考虑全局度量的主要思想，然后介绍这种利用全局度量的自适应多度量学习方法框架 LIFT，接着从理论的角度说明全局度量在局部度量学习中的作用，最后给出该框架的实现方法以及优化策略。

5.4.1 LIFT 框架的主要思想与讨论

全局马氏距离度量假设空间中的所有样本之间使用同样的模式进行相似性度量，而对于异构数据，考虑到样本间关系的复杂性，已有的工作考虑通过分配多个度量 $\mathcal{M}_K=\{\boldsymbol{M}_1,\cdots,\boldsymbol{M}_K\}$ 分别对应不同局部的数据。不同于在数据中直接学习 K 个度量矩阵，本节利用**基于全局度量学习局部度量偏差**的思路，基于全局度量矩阵 $\boldsymbol{M}_0$ 学习 $\{\boldsymbol{M}_k=\boldsymbol{M}_0+\Delta\boldsymbol{M}_k\}_{k=1}^K$。在这种全局和局部偏差的组合形式中，全局度量 $\boldsymbol{M}_0$ 代表对数据的通用的、全局的特征建模，而局部偏差 $\Delta\boldsymbol{M}_k$ 用于刻画不同局部区域的特性。为保证 $\boldsymbol{M}_k$ 是有效的度量，一般要求 $\Delta\boldsymbol{M}_k\in\mathcal{S}_d^+$ 为半正定矩阵，这限制了模型的表示能力并且增加了计算负担。考虑式（2.7）中学习度量投影的思路，本书考虑学习全局度量投影以及多个度量投影偏移$\{\boldsymbol{L}_k=\boldsymbol{L}_0+\Delta\boldsymbol{L}_k\}_{k=1}^{K}$以产生$\{\boldsymbol{M}_k=\boldsymbol{L}_k\boldsymbol{L}_k^{\top}\}_{k=0}^{K}$。记还$\mathcal{L}_K=\{\Delta\boldsymbol{L}_1,\cdots,\Delta\boldsymbol{L}_K\}$，度量（投影）偏移和全局（投影）的并集表示为$\hat{\mathcal{M}}_K(\hat{\mathcal{L}}_K)$。

相比于直接学习度量矩阵，学习多个度量投影$\hat{\mathcal{L}}_K$的优势主要有以下几点。首先，学习投影并不需要每次优化都进行半正定矩阵投影，加速了优化过程。同时，优化投影一般可以获得低秩的度量矩阵，一般在检索应用中会有更好的效果。尽管优化投影使得目标函数非凸，但根据以往的实验研究[42,136-137]，投影的优化也能得到接近全局最优的解。文献［138］和文献［137］通过度量矩阵的形式构建多个局部度量，但在这种形式下，度量矩阵偏差的半正定性，会使得局部距离大于全局距离，从而无法完全表示局部的特性。通过优化投影矩阵，本书克服了局部偏差的单向性修正，使得局部度量可以消除全局度量中无效和冗余的特征表示。

对于第k个局部区域，假设包含从局部分布$\mathcal{Z}_k$中抽样的N_k个样本$\{\boldsymbol{z}_i^k=(\boldsymbol{x}_i^k,\boldsymbol{y}_i^k)\}_{i=1}^{N_k}$。类似地，使用$q_{ij}^k$表示局部样本$\boldsymbol{z}_i^k$和$\boldsymbol{z}_j^k$之间的标记是否相同。局部辅助信息集合为$\{\mathcal{P}_k\}_{k=1}^{K}$，且$\mathcal{P}_k$中包含$\frac{1}{\mu_k}=N_k(N_k-1)$个样本对。本书考虑两种不同类型的样本“局部”。首先，局部可能来源于对全局空间的K

个划分，不同划分中的样本不重叠，此时有 $N=\sum_{k=1}^{K}N_k$。此外，也可以考虑如本章前一部分中描述的多语义环境，不同的局部表示对数据的不同视图，每一个视图都包含 N 个样本，但视图内每一个样本的权重和视图对应的语义相关。记所有局部区域样本对之和为 $\frac{1}{\mu'}=\sum_{k=1}^{K}N_k(N_k-1)$。

全局度量投影的作用，可以从两个方面考虑。首先，当有**固定**的全局投影 $\boldsymbol{L}_0$ 时，第 k 个局部投影可以通过目标

$$\min_{\Delta \boldsymbol{L}_k}\mu_k\sum_{(z_i^k,z_j^k)\sim\mathcal{P}_k}\ell\left(q_{ij}^k\left(\gamma-\mathrm{Dis}^2_{\underbrace{\boldsymbol{L}_0+\Delta\boldsymbol{L}_k}_{\boldsymbol{L}_k}}(\boldsymbol{x}_i^k,\boldsymbol{x}_j^k)\right)\right)+\lambda\|\Delta\boldsymbol{L}_k\|_F^2$$

$$=\epsilon_{\mathcal{P}_k}\underbrace{(\boldsymbol{L}_0+\Delta\boldsymbol{L}_k)}_{\boldsymbol{L}_k}+\lambda\|\Delta\boldsymbol{L}_k\|_F^2 \tag{5.10}$$

进行学习。γ 为预定义阈值，$\ell(\cdot)$ 为凸损失函数，λ 为有偏正则的权重。通过优化上述目标，一方面使得在局部度量投影的度量下，相似的样本之间的距离小于 γ，而不相似样本之间的距离比较大；另一方面也要求局部度量和全局度量比较接近。在优化过程中，局部的度量相当于通过优化局部的偏差在全局度量上进行调整。

当需要同时学习多个局部度量时，全局度量投影 $\boldsymbol{L}_0$ 和局部度量投影偏差 $\mathcal{L}_K$ 的目标互相结合，具体形式为如下的自适应局部度量提升（Local metrIcs Facilitated Transformation，LIFT）框架：

$$\min_{\hat{\mathcal{L}}_K}\lambda\mathcal{R}_F(\hat{\mathcal{L}}_K)+\mu\sum_{(z_i,z_j)\sim\mathcal{P}_0}\ell\left(q_{ij}\left(\gamma-\mathrm{Dis}^2_{\boldsymbol{L}_0}(\boldsymbol{x}_i,\boldsymbol{x}_j)\right)\right)+$$

$$\mu' \sum_{k=1}^{K} \sum_{(z_i^k, z_j^k) \sim \mathcal{P}_k} \ell(q_{ij}^k(\gamma - \mathrm{Dis}^2_{L_0+\Delta L_k}(\boldsymbol{x}_i^k, \boldsymbol{x}_j^k))) \tag{5.11}$$

$\mathcal{R}_F(\hat{\mathcal{L}}_K)$ 是关于所有局部度量投影 $\hat{\mathcal{L}}_K$ 的 F 范数求和。式（5.11）中不但要求全局度量投影 $\boldsymbol{L}_0$ 对样本之间关系的度量满足全局关联辅助信息的 $\mathcal{P}_0$，**而且同时要求**根据 $\boldsymbol{L}_0$ 以及局部偏差 $\Delta\boldsymbol{L}_k$ 产生的局部度量投影也能够满足局部辅助信息 $\mathcal{P}_k$。因此，如果 $\boldsymbol{L}_0$ 在某个局部足够好，对应的局部偏差 $\Delta\boldsymbol{L}_k$ 会退化为 0，**局部度量投影的数目也会相应地减小**，这降低了整个模型的复杂度，可以防止模型过拟合。如果 $\boldsymbol{L}_0$ 无法直接胜任局部区域要求的样本关系度量，则局部偏差 $\Delta\boldsymbol{L}_k$ 会根据局部损失函数产生，使局部度量足够好。整体的流程如图 5.3 所示。

5.4.2 Lift 框架的理论分析

本节分析多度量框架 Lift 的泛化能力，主要从两个方面考虑：首先，基于第 3 章的理论分析，将已有的理论结果拓展到全局和局部度量的关系上，即查看当提供一个训练好的全局度量时，局部学习目标函数式（5.10）能否受益于全局度量而降低对训练样本数目的要求；其次，将这种全局度量的辅助能力推广至整个 Lift 的多度量问题上，查看当同时学习全局度量和多个局部度量时，全局度量能否使得框架的泛化理论界更紧并辅助局部度量的构建。

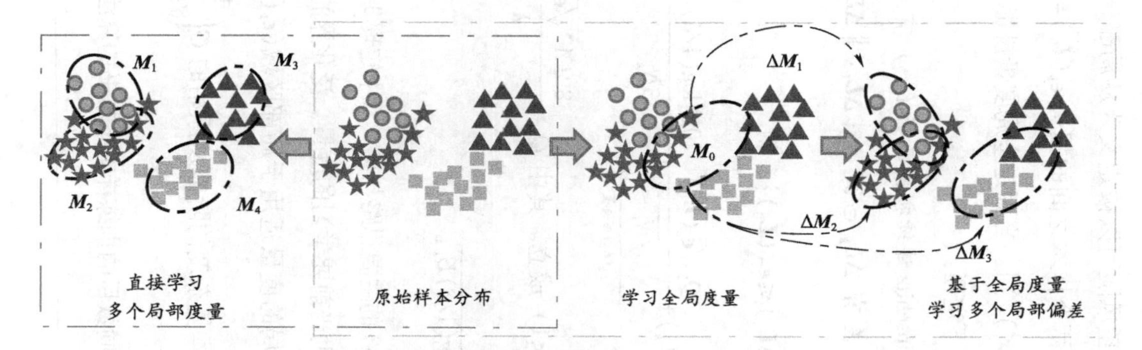

图5.3 LIFT框架示意图

注：已有的多度量学习方法直接为每一个类别学习一个局部度量，而LIFT通过学习全局度量M_0，并用其桥接多个局部度量。例如，当M_0足够好时，局部偏差ΔM_3和ΔM_4退化为0，对应的局部度量M_3和M_4退化为全局度量。在实际实现中，使用矩阵M的分解矩阵L构造全局和局部度量。

式（5.10）的期望风险可以被定义为从局部分布中独立同分布抽取的任意两个样本之间的损失 $\epsilon_k(\boldsymbol{L}_k)=\mathbb{E}_{z_i^k,z_j^k\sim\mathcal{Z}_k}[\ell(q_{ij}^k(\gamma-\mathrm{Dis}^2_{\boldsymbol{L}_0+\Delta\boldsymbol{L}_k}(\boldsymbol{x}_i^k,\boldsymbol{x}_j^k)))]$。当固定全局度量投影 $\boldsymbol{L}_0$ 学习局部度量 $\boldsymbol{L}_k$ 时，有如下定理。

定理 5-3 若 $\mathcal{L}$-Lipschitz 连续损失函数 $\ell(\cdot)$ 有上界 $\mathcal{B}_k$，且对每一个局部偏差有 $\Delta\boldsymbol{L}_k\in\mathcal{F}_k=\{\Delta\boldsymbol{L}_k:\|\Delta\boldsymbol{L}_k\|_F\leqslant\sqrt{\frac{\epsilon_{\mathcal{P}_k}(\boldsymbol{L}_0)}{\lambda}}$ 和 $\epsilon_{\mathcal{P}_k}(\boldsymbol{L}_0+\Delta\boldsymbol{L}_k)\leqslant\epsilon_{\mathcal{P}_k}(\boldsymbol{L}_0)\}$，则

$$\epsilon_k(\boldsymbol{L}_k)\leqslant\epsilon_{\mathcal{P}_k}(\boldsymbol{L}_k)+\underbrace{\frac{\mathcal{Q}_k\sqrt{\epsilon_k(\boldsymbol{L}_0)}}{\sqrt{N_k}}}_{\epsilon_k(\boldsymbol{L}_0)\text{相关项}}+\frac{20\mathcal{B}_k\log(1/\delta)}{3N_k}$$

至少以概率 $1-\delta(0<\delta<1)$ 成立。其中 $\mathcal{Q}_k=\frac{8\mathfrak{L}A^*\sqrt{\epsilon_k(\boldsymbol{L}_0)}}{\lambda}+\frac{16\mathfrak{L}\boldsymbol{A}^*\|\boldsymbol{L}_0\|_F}{\sqrt{\lambda}}+2\sqrt{\log(1/\delta)\mathcal{B}_k}$。

评注 5-1 定理 5-3 的主要思路与第 3 章中定理 3-2 相同，即利用已有的度量辅助当前要学习的度量。泛化界的样本收敛率的变化表明当全局的度量适用于局部区域（$\epsilon_k(\boldsymbol{L}_0)$ 较小）时，泛化界的样本复杂度的阶能从原始的 $\mathcal{O}\left(\frac{1}{\sqrt{N}}\right)$ 提升至 $\mathcal{O}\left(\frac{1}{N}\right)$，因此在相同数目的训练样本下本书的算法能够达到更好的性能。

上述分析也可以被扩展到学习多度量的 LIFT 框架中。记目标函数中需学习的全局度量以及局部度量偏差的集合 $\hat{\mathcal{L}}_K$ 的最优解为 $\hat{\mathcal{L}}_K^* = \{\boldsymbol{L}_0^*, \Delta\boldsymbol{L}_1^*, \cdots, \Delta\boldsymbol{L}_K^*\}$，且 $\mathcal{P} = \cup_{k=1}^K \mathcal{P}_k$ 为所有辅助信息的并集，则第 k 个局部区域的辅助信息可以看作从 $\mathcal{P}$ 中通过参数 $\frac{1}{\mu'}$ 和概率 $\{v_k\}_{k=1}^K \left(\sum_k v_k = 1\right)$ 的多项分布进行抽样获得。定义多度量学习下的期望风险为

$$\Upsilon(\hat{\mathcal{L}}_K) = \mathbb{E}_{z_i, z_j \sim \mathcal{Z}}[\ell(q_{ij}(\gamma - \mathrm{Dis}_{L_0}^2(\boldsymbol{x}_i, \boldsymbol{x}_j)))] + \mathbb{E}_{v, z_i^v, z_j^v \sim \mathcal{Z}_v}[\ell(q_{ij}^v(\gamma - \mathrm{Dis}_{L_0 + \Delta L_k}^2(\boldsymbol{x}_i^v, \boldsymbol{x}_j^v)))] \quad (5.12)$$

上下标中的 v 表示基于多项分布的局部区域选择。$\mathbb{E}_{v, z_i^v, z_j^v \sim \mathcal{Z}_v}$ 表示一种条件期望，具体包含两个抽样过程：首先是抽取某一个局部的指示 v，其次根据对应的局部分布 $\mathcal{Z}_v$ 进行样本对的抽取。考虑多个局部来源于对全局样本的等量 K 个划分，即 $N_k = N/K$（假设 N_k 为整数），则式（5.11）中的损失项（经验风险）和真实风险之间的关系是

定理 5-4 假设损失函数为 $\mathfrak{L}$-Lipschitz 连续，全局和局部的度量有界 $\mathcal{B}_0$ 和 $\{\mathcal{B}_k\}_{k=1}^K$，且 $\mathcal{B} = \max_{k=0,\cdots,K} \mathcal{B}_k$。多个度量属于域 $\hat{\mathcal{L}}_K \in \cup_{k=0}^K \mathcal{F}_k'$，则

$$\Upsilon(\hat{\mathcal{L}}_K) - \Upsilon_{\hat{\mathcal{P}}}(\hat{\mathcal{L}}_K) \leqslant \sum_{k=1}^K \frac{C_{1,k}}{\sqrt{NK}} + \frac{C_2}{3N} + \mathcal{B}\sqrt{\frac{2K(\log 2^{K+2}/\delta)}{N(N-K)}} \quad (5.13)$$

至少以概率 $1-\delta$（$0<\delta<1$）成立。其中 $\mathcal{F}_0' = \{\boldsymbol{L}: \|\boldsymbol{L}\|_F \leqslant$

$\sqrt{\frac{\ell_\gamma}{\lambda}}=\boldsymbol{H}_0\}$，$\mathcal{F}'_k=\{\boldsymbol{L}:\|\boldsymbol{L}\|_F\leqslant\sqrt{\frac{\epsilon_{\mathcal{P}_k}(\boldsymbol{L}_0^*)}{\lambda K}}=\boldsymbol{H}_k$ 和 $\epsilon_{\mathcal{P}_k}(\boldsymbol{L}_0^*+\Delta\boldsymbol{L}_k)\leqslant\epsilon_{\mathcal{P}_k}(\boldsymbol{L}_0^*)\}$，$C_{1,k}=8\,\mathfrak{L}\,\boldsymbol{A}^*(\boldsymbol{H}'_k+\frac{\mathcal{B}_0}{\lambda})+2\mathcal{B}_0\sqrt{\log(2/\delta)}+\sqrt{\log(4K/\delta)\mathcal{B}_k\epsilon_k(L_0^*)}$，$C_2=20\mathcal{B}(\log(8K/\delta^2))$，且 $H'_k=\frac{\epsilon_k(\boldsymbol{L}_0^*)}{\lambda K}+2\sqrt{\frac{\epsilon_k(\boldsymbol{L}_0^*)\mathcal{B}_0}{\lambda^2 K}}$。

评注 5-2 基于定理 5-4，多度量学习框架 Lift 的期望风险能被经验风险以收敛率 $\mathcal{O}\left(\frac{1}{\sqrt{N}}\right)$ 界定住。因此，给定足够的训练样本，学到的多度量能够满足真实分布的要求。和定理 5-3 相比，定理 5-4 的界相对较弱，这是因为有足够的样本才能需要全局的度量投影，并且需要具有不同局部特性的样本以适应局部的分布变化。

评注 5-3 上述泛化界的分析要求假设空间限制在经验最优解的邻域中，以显示出经验最优解中全局成分的作用。式（5.13）的右侧与最优解全局部分在局部上的期望误差 $\epsilon_k(\boldsymbol{L}_0^*)$ 相关，因此当最优解全局成分 $\boldsymbol{L}_0^*$ 在一个特定的局部上表现良好时，最终的界会变得更紧。这一性质说明当有一个较好的全局度量时，局部度量能够有更好的收敛率，综上所述，在 Lift 框架中，全局度量能够辅助局部度量的学习。

评注 5-4 局部度量的数目 K 在泛化界式（5.13）中有

重要的作用。尽管K出现在泛化界的分母中，但对K项的求和表明创建过多的局部度量并不是一个好的选择。从Lift框架的属性来看，如果全局度量$\boldsymbol{L}_0$表现良好，则局部度量将退化至0。因此，值K将减少以获得更紧的界。从局部角度来看，当K相对较大时，$C_{1,k}$项将很小。这并不矛盾，因为K的值越大，局部就越复杂。如果全局度量只在单个局部区域表现良好，则将难以改善整个泛化界。因此，在较大K的情况下，如果全局度量适合**所有的**局部区域，则泛化界可以更紧。

定理5-4考虑每个局部区域都是全局空间的一种划分，即"局部分解全局"。该证明可以很容易地扩展到"局部覆盖全局"，在此情况下局部对每一个全局样本都产生一个权重，有$N_k=N$，$\mathcal{P}_k=\mathcal{P}_0$。这种局部与全局重叠的场景揭示了所有局部变换$\{\boldsymbol{L}_k\}_{k=1}^K$都可以应用于所有的成对约束并处理全局分布的不同视图。在以下命题中，我们使用相同的符号表示类似的量，如$C_{1,k}$和H'_k，但具体定义不同。

命题5-5 假设损失函数为$\mathfrak{L}$-Lipschitz连续，全局和局部的度量有界$\mathcal{B}_0$和$\{\mathcal{B}_k\}_{k=1}^K$，且$\mathcal{B}=\max_{k=0,\cdots,K}\mathcal{B}_k$。多个度量属于域$\hat{\mathcal{L}}_K\in\bigcup_{k=0}^K\mathcal{F}'_k$，在多视图局部覆盖全局的场景下

$$\Upsilon(\hat{\mathcal{L}}_K)-\Upsilon_{\hat{\mathcal{P}}}(\hat{\mathcal{L}}_K)\leqslant\frac{1}{K}\sum_{k=1}^K\frac{C_{1,k}}{\sqrt{N}}+\frac{C_2}{3N}+\mathcal{B}\sqrt{\frac{2\log2^{K+2}/\delta}{KN(N-1)}}\quad(5.14)$$

至少以概率 $1-\delta$ 成立。其中各变量定义为 $C_{1,k}=8\mathfrak{L}\boldsymbol{A}^{*}\left(H_k'+\frac{\mathcal{B}_0}{\lambda}\right)+2\mathcal{B}_0\sqrt{\log(2/\delta)}+\sqrt{\log(4K/\delta)\mathcal{B}_k\epsilon_k(\boldsymbol{L}_0^*)}$，$C_2=20\mathcal{B}(\log(8K/\delta^2))$，且 $H_k'=\frac{\epsilon_k(\boldsymbol{L}_0^*)}{\lambda K}+2\sqrt{\frac{\epsilon_k(\boldsymbol{L}_0^*)\ \mathcal{B}_0}{\lambda^2 K}}$。$C_{1,k}$ 和 H_k' 都和训练数据中得到的最优解的全局部分 $\boldsymbol{L}_0^*$ 有关。

本节最后，也考虑全局度量在所有局部区域都能表现得好的情况。这种更强的假设能得到更紧的泛化界。假设全局度量投影有界 $\boldsymbol{L}_0\in\mathcal{F}_0'=\{\boldsymbol{L}_0:\|\boldsymbol{L}_0\|_F\leqslant H_0\}$（此时不再需要 F 范数作为全局度量投影的正则），局部度量投影属于域 $\Delta\boldsymbol{L}_k\in\mathcal{F}_k'=\left\{\Delta\boldsymbol{L}:\|\Delta\boldsymbol{L}\|_F\leqslant\sqrt{\frac{\epsilon_{\mathcal{P}_0}(\boldsymbol{L}_0^*)+\sum_{k=1}^{K}\epsilon_{\mathcal{P}_k}(\boldsymbol{L}_0^*)}{\lambda}}\right.$ 且 $\left.\epsilon_{\mathcal{P}_k}(\boldsymbol{L}_k)\leqslant\epsilon_{\mathcal{P}_k}(\boldsymbol{L}_0^*)\right\}$，则有如下推论。

命题 5-6 假设损失函数为 $\mathfrak{L}$-Lipschitz 连续，全局和局部的度量有界 $\mathcal{B}_0$ 和 $\{\mathcal{B}_k\}_{k=1}^K$，且 $\mathcal{B}=\max_{k=0,\cdots,K}\mathcal{B}_k$。多个度量属于域 $\hat{\mathcal{L}}_K\in\bigcup_{k=0}^{K}\mathcal{F}_k'$，在多视图局部覆盖全局的场景下

$$\Upsilon(\hat{\mathcal{L}}_K)-\Upsilon_{\hat{\mathcal{P}}}(\hat{\mathcal{L}}_K)\leqslant\frac{1}{K}\sum_{k=1}^{K}\frac{C_{1,k}}{\sqrt{N}}+\frac{C_2}{3N}+\mathcal{B}\sqrt{\frac{2\log 2^{K+2}/\delta}{KN(N-1)}}\tag{5.15}$$

以概率 1−δ 成立。其中 $C_{1,k}=8\mathfrak{L}A^*(H_k'+H_0^2)+2\mathcal{B}_0\sqrt{\log(2/\delta)}+\sqrt{\log(4K/\delta)\mathcal{B}_k\epsilon_k(L_0^*)}$，$C_2=20\mathcal{B}(\log(8K/\delta^2))$，且 $H_k'=\frac{\epsilon(L_0^*)+\sum_{k=1}^{K}\epsilon_k(L_0^*)}{\lambda}+H_0\sqrt{\frac{\epsilon(L_0^*)+\sum_{k=1}^{K}\epsilon_k(L_0^*)}{\lambda}}$。

在命题 5-6 中，H_k' 只和 L_0^* 在全局及局部分布上的期望风险有关。因此，如果有一个对所有局部分布都适用的全局度量投影，能很大程度上降低整个问题的算法复杂度。

5.4.3 Lift 框架优化策略

基于式（5.11）中 Lift 框架，我们需要具体确定的是如何在数据中找到/产生多个局部区域 $\{\mathcal{P}_k\}_{k=1}^K$。本节首先考虑根据所有数据得到的辅助信息 $\mathcal{P}_0$ 和不同局部区域的中心导出局部的辅助信息 $\mathcal{P}_k$，其次提出了能够避免局部冗余并考虑不同局部度量差异性的正则项，最后描述了具体的优化策略。

5.4.3.1 基于类别中心自适应学习局部分布与度量

本书使用局部中心来反映数据的局部特性。假设共有 K 个局部中心 $\mathcal{C}_K=\{c_k\in\mathbb{R}^d\}_{k=1}^K$ 分布在 K 个局部区域中，分别对应多个局部度量，离某个中心距离越近的样例受到该中心（即对应的局部度量 L_k）的影响越大。样例对中心的隶属程

度使用概率权重 $\mathfrak{P}_N=\{\boldsymbol{p}_i=(\boldsymbol{p}_{i,1},\cdots,\boldsymbol{p}_{i,K})^\top\}_{i=1}^N$ 表示，即每一个样例在所有中心的权重非负且求和为1。权重$\boldsymbol{p}_{i,k}$越大，说明样例$\boldsymbol{x}_i$受到度量$\boldsymbol{L}_k$的影响也越大。Lift 框架可以通过如下目标函数实现：

$$\min_{\hat{\mathcal{L}}_K,\mathcal{C}_K,\mathfrak{P}_N}\sum_{i=1}^N\sum_{k=1}^K\boldsymbol{p}_{i,k}^\eta\|\boldsymbol{x}_i-\boldsymbol{c}_k\|_{L_0+\Delta L_k}^2+\lambda_1\mathcal{R}_F(\hat{\mathcal{L}}_K)+$$
$$\lambda_2\sum_{(z_i,z_j)\sim\mathcal{P}_0}\Bigg(\ell(q_{ij}(\gamma-\mathrm{Dis}_{L_0}^2(\boldsymbol{x}_i,\boldsymbol{x}_j)))+$$
$$\sum_{k=1}^K\boldsymbol{p}_{i,k}^\eta\ell(q_{ij}(\gamma-\mathrm{Dis}_{L_0+\Delta L_k}^2(\boldsymbol{x}_i,\boldsymbol{x}_j)))\Bigg)$$
$$\text{s. t. }\forall_i=1,\cdots,N,1^\top\boldsymbol{p}_i=1,\boldsymbol{p}_{i,k}\geqslant0\qquad(5.16)$$

在式（5.11）的目标函数中，样例$\boldsymbol{x}_i$的权重$\boldsymbol{p}_{i,k}$可以看作从全局关联信息$\mathcal{P}_0$导出局部关联信息$\mathcal{P}_k$的一种方法。$\boldsymbol{p}_{i,k}$涉及样本和第k个局部中心的距离，以及和样本$\boldsymbol{x}_i$相关的损失函数的值（这两者都依赖局部度量投影$\boldsymbol{L}_k=\boldsymbol{L}_0+\Delta\boldsymbol{L}_k$），且样本到中心的距离越小或对应的局部损失越小，则相应的权重越大。因此，局部分布的选择同时考虑了局部特性（样本到局部中心的距离）以及局部度量是否合适（通过局部度量对应的损失函数衡量）。由于局部关联辅助信息由全局关联辅助信息$\mathcal{P}_0$导出，因此从全局视角来看，全局训练的度量预期在平均意义上也能在局部区域有一定的效果；从局部视角来看，同一个局部中心附近的样本往往具有类似的局部特性，可以被同一个局部度量挖掘。在优化过程中，局部度量偏差根据选择出的局部关联辅助信息调整局部度量的性质，使得局部度量能够充分反映局部样本的特性。

上标 $\eta \geq 1$ 是一个用于调节权重的非负值[139]。当 $\eta = 1$ 时，从 $\mathcal{P}$ 中抽取的一个样本对仅针对某一个局部（类似于定理 5-4 中的情况）；当 η 很大时，它将平均影响每个局部区域（类似于命题 5-6 中的情况）。由于 $\boldsymbol{p}_{i,k} \leqslant 1$，式（5.16）赋予了全局度量的学习部分更多的权重。值得注意的是，基于式（5.16），如果全局度量投影 $\boldsymbol{L}_0$ 能很好地处理所有约束，则不需要局部度量偏差进行修改，即 $\Delta \boldsymbol{L}_k = 0$。因此，LIFT 仅输出全局度量投影，当 $\boldsymbol{\lambda}_1$ 足够大时也是这种情况。式（5.16）的这两个特性使 LIFT 能自适应地免于分配过多冗余的局部度量。实验中，使用平滑铰链函数实现损失函数 $\ell(\cdot)$ 可以加速优化。

5.4.3.2 适用于 LIFT 的差异化正则项

为发现不同局部的特性，通常要求局部偏差 $\{\Delta \boldsymbol{L}_k\}_{k=1}^{K}$ 互相之间有较大的差异。增大差异性也能够降低冗余性，以便于提升模型的泛化能力[140]。定理度量偏差之间的差异性来源于在不同度量空间中特征的重要性，即希望不同的局部度量投影 $\mathcal{L}_K$ 关注不同的特征集合。而在度量投影 $\mathcal{L}_K$ 中，每一行对应着每一维度的原始特征，所以矩阵之间的差异性可以转化为矩阵对行选择的差异性。通过优化这种差异性，最终不同的局部区域度量投影会选择不同的特征。

对向量 $\boldsymbol{I}_1$ 和 $\boldsymbol{I}_2$，其夹角 θ 的余弦值为

$$\cos\theta = \frac{\langle \boldsymbol{I}_1, \boldsymbol{I}_2 \rangle}{\|\boldsymbol{I}_1\| \|\boldsymbol{I}_2\|} \tag{5.17}$$

如果对于两个归一化的向量，其夹角的余弦值即为其向量间的内积，内积越大，向量间夹角越小。文献［140］使用联合凸正则项$\|\boldsymbol{I}_1+\boldsymbol{I}_2\|_F^2$作为替代函数优化以增大向量间的夹角，具体而言，该式分别优化了向量的范数和向量之间的内积。当最小化该向量正则项后，向量$\boldsymbol{I}_1$和$\boldsymbol{I}_2$在选择元素上具有差异，即如果某个元素在$\boldsymbol{I}_1$中非0，则对应的元素在$\boldsymbol{I}_2$中极有可能为0。

本书将这种向量之间的差异性扩展到矩阵之间。定义算子[㊀]$\boldsymbol{\kappa}(\boldsymbol{L}): \mathbb{R}^{d\times d}\to\mathbb{R}^d$，且$\boldsymbol{\kappa}(\boldsymbol{L})=[\|\boldsymbol{L}_{1,:}\|_2, \|\boldsymbol{L}_{2,:}\|_2, \cdots, \|\boldsymbol{L}_{d,:}\|_2]^\top$。$\boldsymbol{\kappa}$算子首先对矩阵的每一行计算$\ell_2$范数，其次将不同的范数值拼接为一个向量。本书提出如下正则项$\mathcal{R}_D(\mathcal{L}_K)$以增大不同矩阵对特征（行）选择的差异性：

$$\mathcal{R}_D(\mathcal{L}_K) = \sum_{k=1}^{K}\sum_{k'<k} \|\boldsymbol{\kappa}(\Delta\boldsymbol{L}_k)+\boldsymbol{\kappa}(\Delta\boldsymbol{L}_{k'})\|_F^2 \tag{5.18}$$

引理 5-7　式（5.18）的正则项对于$\mathcal{L}_K$联合凸。

由于在正则项中矩阵的行范数也被限制住，最小化式（5.18）中的正则项可以增大向量$\boldsymbol{\kappa}(\Delta\boldsymbol{L}_k)$和$\boldsymbol{\kappa}(\Delta\boldsymbol{L}_{k'})$的夹角。该正则项值越小，夹角越大，范数向量之间差异越大。一旦$\boldsymbol{\kappa}(\Delta\boldsymbol{L}_k)$中的元素非0，则$\boldsymbol{\kappa}(\Delta\boldsymbol{L}_{k'})$中对应的元素

㊀ 此处仍使用和 $\mathrm{UM^2L}$ 框架中同样的算子符号 $\boldsymbol{\kappa}$，但实际定义不同。

更可能为0。综上所述，通过优化该正则项能促使不同的矩阵选择不同的行（特征），使得不同的局部之间对特征的选择各不相同。

5.4.3.3 优化策略

式（5.16）的 LIFT 框架能使用一种交替优化的方法进行求解。完整的算法求解过程可参见算法5.1。

算法5.1 LIFT 算法的优化过程

输入： 关联辅助信息 $\mathcal{P}_0$，参数 $\boldsymbol{\lambda}_1$ 和 $\boldsymbol{\lambda}_2$。初始化 $\boldsymbol{L}_0=\boldsymbol{I}$ 或通过基于 $\mathcal{P}_0$ 的全局度量学习方法学到 $\boldsymbol{L}_0$。令 $\{\Delta\boldsymbol{L}_k=0\}_{k=1}^{K}$，且通过 KMeans 算法初始化 C_N 和 $\mathcal{P}_K$。

1：**while** True **do**

2：　固定 $\mathcal{L}_K$ 和 $\mathcal{C}_N$ 求解 $\mathcal{P}_K$：$\boldsymbol{p}_k=\sum_{i=1}^{N}\boldsymbol{c}_{i,k}\boldsymbol{x}_i$

3：　固定 $\mathcal{L}_K$ 和 $\mathcal{P}_K$ 求解 $\mathcal{C}_N$：定义 $h_{i,k}=\|\boldsymbol{x}_i-\boldsymbol{p}_k\|_{L_0+\Delta L_k}^2+\boldsymbol{\lambda}_2\Sigma_j\ell_s(q_{ij}(\gamma-\mathrm{Dis}_{L_0+\Delta L_k}^2(\boldsymbol{x}_i,\boldsymbol{x}_j)))$，则

$$\begin{cases}\boldsymbol{c}_{i,k}=1,k=\arg\min_k h_{i,k};\boldsymbol{c}_{i,k'}=0,k'\neq k & \text{如果 } \eta=1\\ \boldsymbol{c}_{i,k}=\dfrac{(h_{i,k})^{\eta-1}}{\sum_{j=1}^{K}(h_{i,j})^{\eta-1}} & \text{如果 } \eta>1\end{cases}$$

4：　固定 $\mathcal{P}_K$ 和 $\mathcal{C}_N$ 求解 $\mathcal{L}_K$

5：　**if** 目标函数值趋于不变 **then**

6：　　Break；

7：　**end if**

8：**end while**

初始化：全局度量投影可以通过两种方式进行初始化。首先，设置单位矩阵 $\boldsymbol{L}_0=\boldsymbol{I}$ 使初始阶段全局使用欧氏距离，或使用某全局度量学习方法如 LMNN[42] 进行全局度量投影的初始化。本书的实验使用前一种全局度量投影的优化方法。局部度量投影偏差 $\mathcal{L}_K$ 初始化为 0。基于全局初始投影 $\boldsymbol{L}_0$，可以通过 KMeans 聚类的方法获得类中心的初始化，各样本的初始权重初始化为样本和各聚类簇的隶属关系。

固定 $\mathcal{P}_K$ 和 $\mathcal{C}_N$ 以求解 $\mathcal{L}_K$：若使用 F 范数正则化 $\mathcal{R}_F(\hat{\mathcal{L}}_K)$，可以使用加速投影梯度下降方法[131] 对度量投影 $\hat{\mathcal{L}}_K$ 进行求解。记式（5.16）目标函数的平滑部分为 $\mathcal{O}$，则关于 $\Delta\boldsymbol{L}_k$ 的梯度包含三个部分$\frac{\partial\mathcal{O}}{\partial\Delta\boldsymbol{L}_k}=\nabla_1+\lambda_1\nabla_2+\lambda_2\nabla_3$，分别对应式（5.16）中的三项。其中，$\nabla_1=2\sum_{i=1}^{N}\boldsymbol{c}_{i,k}^{\eta}(\boldsymbol{x}_i-\boldsymbol{p}_k)(\boldsymbol{x}_i-\boldsymbol{p}_k)^\top(\boldsymbol{L}_0+\Delta\boldsymbol{L}_k)$，$\nabla_2=2\sum_{k=1}^{K}\Delta\boldsymbol{L}_k$，且

$$\nabla_3=2\sum_{(z_i,z_j)\sim\mathcal{P}_0}\sum_{k=1}^{K}\boldsymbol{c}_{i,k}^{\eta}\sigma_{i,k}(\boldsymbol{x}_i-\boldsymbol{x}_j)(\boldsymbol{x}_i-\boldsymbol{x}_j)^\top(\boldsymbol{L}_0+\Delta\boldsymbol{L}_k)$$

$\sigma_{i,k}$ 是分段线性函数，当 $\delta_{i,k}=q_{ij}(\gamma-\mathrm{Dis}_{L_0+\Delta L_k}^2(\boldsymbol{x}_i,\boldsymbol{x}_j))<1$ 时输出非零值，而当 $\delta_{i,k}<0$ 时 $\sigma_{i,k}=-1$，且当 $0\leqslant\delta_{i,k}\leqslant1$ 时 $\sigma_{i,k}=\delta_{i,k}-1$。关于 $\boldsymbol{L}_0$ 的梯度有类似的形式，具体而言，$\nabla_2=2\boldsymbol{L}_0$，且除了上述$\nabla_3$ 外还有对全局度量投影的导数 $2\sum_{(z_i,z_j)\sim\mathcal{P}_0}\sigma_{i,k}(\boldsymbol{x}_i-\boldsymbol{x}_j)(\boldsymbol{x}_i-\boldsymbol{x}_j)^\top\boldsymbol{L}_0$。

当使用式（5.18）中的差异化正则 $\mathcal{R}_D(\mathcal{L}_K)$ 时，由于目

标函数不再平滑，因此此处使用加速近端梯度下降方法进行求解[133,141]。假设在第 s 步迭代时对应的度量投影记为 $\hat{\mathcal{L}}_K^s$，首先以步长 χ 对每一个度量投影成分做一次梯度下降，得到 $\hat{\mathcal{V}}_K^s=\hat{\mathcal{L}}_K^s-\chi(\nabla_1+\lambda_2\nabla_3)=\{\boldsymbol{V}_0^s,\boldsymbol{V}_1^s,\cdots,\boldsymbol{V}_K^s\}$。对于 $\mathcal{L}_K$ 中的每一个局部投影偏差（后文分析中使用简化符号，忽略迭代次数索引 s），我们需要对 $\mathcal{V}_K=\{\boldsymbol{V}_1,\cdots,\boldsymbol{V}_K\}$ 做另一次近端优化：

$$\min_{\mathcal{L}_K}\frac{1}{2}\sum_{k=1}^{K}\|\Delta\boldsymbol{L}_k-\boldsymbol{V}_k\|_F^2+\lambda\sum_{k=1,k'<k}^{K}\|\boldsymbol{\kappa}(\Delta\boldsymbol{L}_k)+\boldsymbol{\kappa}(\Delta\boldsymbol{L}_{k'})\|_F^2$$
$$=\sum_{m=1}^{d}\frac{1}{2}\sum_{k=1}^{K}\|\boldsymbol{I}_{k,m}-\boldsymbol{v}_{k,m}\|_2^2+\lambda\sum_{k=1,k'<k}^{K}(\|\boldsymbol{I}_{k,m}\|_2+\|\boldsymbol{I}_{k',m}\|_2)^2 \tag{5.19}$$

$\boldsymbol{I}_{k,m}$（或 $\boldsymbol{v}_{k,m}$）是矩阵 $\Delta\boldsymbol{L}_k$（或 $\boldsymbol{V}_k$）的第 m 行。式（5.19）中的近端算子一方面优化正则项，另一方面要求优化后的解不能距离当前的解太远。此外，求解式（5.19）可以被分解为对 d 行分别求解子问题。

定理 5-8 当只有两个度量投影偏移 $\Delta\boldsymbol{L}_1$ 和 $\Delta\boldsymbol{L}_2$ 时，近端优化中针对每一行的子问题（为简化符号，以下讨论省略行号 m）

$$\min_{\boldsymbol{I}_1,\boldsymbol{I}_2}\frac{1}{2}\|\boldsymbol{I}_1-\boldsymbol{v}_1\|_2^2+\frac{1}{2}\|\boldsymbol{I}_2-\boldsymbol{v}_2\|_2^2+\lambda(\|\boldsymbol{I}_1\|_2+\|\boldsymbol{I}_2\|_2)^2$$

具有闭式解。如果 $\|\boldsymbol{v}_1\|_2=\|\boldsymbol{v}_2\|_2$，则 $\boldsymbol{I}_1=\frac{1}{1+4\lambda}\boldsymbol{v}_1$，$\boldsymbol{I}_2=\frac{1}{1+4\lambda}\boldsymbol{v}_2$。若 $\|\boldsymbol{v}_1\|_2\neq\|\boldsymbol{v}_2\|_2$ 且不失一般性地假设 $\|\boldsymbol{v}_1\|_2>\|\boldsymbol{v}_2\|_2$ 则

$$
\begin{cases}
\boldsymbol{l}_1=\dfrac{1}{1+2\lambda}\boldsymbol{v}_1, \boldsymbol{l}_2=0 & \text{如果 } \lambda>\dfrac{\|\boldsymbol{v}_2\|_2}{2(\|\boldsymbol{v}_1\|_2-\|\boldsymbol{v}_2\|_2)} \\
\boldsymbol{l}_1=\dfrac{1}{1+4\lambda}\left(1+2\lambda-2\lambda\dfrac{\|\boldsymbol{v}_2\|_2}{\|\boldsymbol{v}_1\|_2}\right)\boldsymbol{v}_1, & \text{否则} \\
\boldsymbol{l}_2=\dfrac{1}{1+4\lambda}\left(1+2\lambda-2\lambda\dfrac{\|\boldsymbol{v}_1\|_2}{\|\boldsymbol{v}_2\|_2}\right)\boldsymbol{v}_2 &
\end{cases}
$$

评注 5-5 根据针对两个矩阵差异正则化的闭式解可以发现，当正则项参数 $\boldsymbol{\lambda}$ 足够大，$\|\boldsymbol{v}\|_2$ 较小的向量会被压缩至 0，且该行对应的特征将不被选择。若 $\boldsymbol{\lambda}$ 较小，则两个向量对应的范数都会被压缩。

通过一个针对两个随机矩阵的实验可以验证差异化正则 $\mathcal{R}_D(\mathcal{L}_K)$（式（5.19））的有效性。首先，随机生成两个大小为 50×50 的矩阵 $\boldsymbol{V}_1$ 和 $\boldsymbol{V}_2$，元素取值在［0,1］之间，并设 $\lambda=1$。求解所得的 $\boldsymbol{L}_1$ 和 $\boldsymbol{L}_2$ 如图 5.4 所示。图中颜色深度对应矩阵元素绝对值的大小，绝对值越大，颜色越深。从图中可以看出，通过优化差异化正则项，两个矩阵选择了不同的行，即矩阵之间的差异化变大。因此可以预计在 LIFT 算法中，利用此正则项，能使不同的局部度量投影选择不同的特征，以刻画局部的特性。

当近端优化问题中有超过两个矩阵时，我们也可以分别交替求解每一个局部度量投影 $\Delta\boldsymbol{L}_k$。具体而言，每一次固定 $\{\Delta\boldsymbol{L}_{k'}\}_{k'\neq k}$ 只求解 $\Delta\boldsymbol{L}_k$：

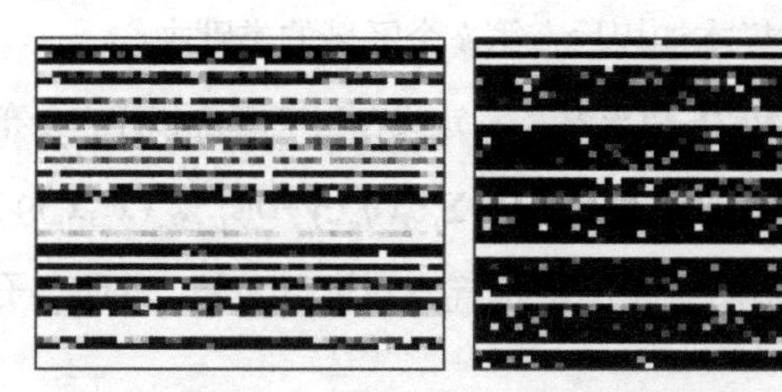

图 5.4　矩阵差异化正则项效果图

注：针对两个随机矩阵，求解式（5.19）中的近端问题后，可以得到具有差异化的两个矩阵，表现为两个矩阵选择了不同的行。图中颜色深浅和矩阵对应的元素绝对值的大小有关。

$$\min_{\Delta \boldsymbol{L}_k} \frac{1}{2}\|\Delta \boldsymbol{L}_k-\boldsymbol{V}_k\|_F^2+\lambda \sum_{k'\neq k}\|\boldsymbol{\kappa}(\Delta \boldsymbol{L}_k)+\boldsymbol{\kappa}(\Delta \boldsymbol{L}_{k'})\|_F^2$$

$$=\sum_{m=1}^{d}\frac{1}{2}\|\boldsymbol{I}_{k,m}-\frac{1}{\boldsymbol{v}}\boldsymbol{v}_{k,m}\|_2^2+\frac{\lambda}{\boldsymbol{v}}\left(2\sum_{k'\neq k}\|\boldsymbol{I}_{k',m}\|_2\right)\|\boldsymbol{I}_{k,m}\|_2$$

其中$\boldsymbol{v}=1+2\lambda(K-1)$。其中度量投影可以通过 ℓ_2 范数的近端算子来快速求解[142]。考虑到引理 5-7 中证明的优化问题的凸性，通过一次求解每一个投影矩阵的方法最终将会收敛。

评注 5-6　一种类似 $\mathcal{R}_D(\mathcal{L}_K)$ 的稀疏正则在文献［143］中也有讨论，其使用一种重加权（Reweight）的方法求解，使元素在规定的组内部稀疏。本节的正则项针对不同的矩阵，提出一种针对两个矩阵的闭式解形式。

固定 $\mathcal{L}_K$ 和 $\mathcal{C}_N$ 以求解 $\mathcal{P}_K$： 此时子问题只涉及式（5.16）中的第一项，相当于使用 K 个局部度量对数据进行聚类。对每一个类别中心 $\boldsymbol{c}_k$ 求导并设导数为 0，得到 $\boldsymbol{p}_k=\sum_{i=1}^{N}\boldsymbol{c}_{i,k}^{\eta}\boldsymbol{x}_i$。$\boldsymbol{p}_k$

是使用 $\mathcal{B}_N$ 对样本加权后在第 k 个区域的类别中心。

固定 $\mathcal{L}_K$ 和 $\mathcal{P}_K$ 以求解 $\mathcal{C}_N$： 定义在当前度量和样本分布下的中间变量 $h_{i,k}=\|\boldsymbol{x}_i-\boldsymbol{p}_k\|_{L_0+\Delta L_k}^2+\lambda_2\Sigma_j\ell_s(q_{ij}(\gamma-\mathrm{Dis}_{L_0+\Delta L_k}^2(\boldsymbol{x}_i,\boldsymbol{x}_j)))$。对 i 的求和表示对所有涉及 $\boldsymbol{x}_i$ 的样本对进行求和。此时，子问题变为

$$\min_{\mathcal{C}_N}\sum_{i=1}^{N}\sum_{k=1}^{K}\boldsymbol{c}_{i,k}^{\eta}h_{i,k}\text{s. t.}\quad\forall i=1,\cdots,N,\mathbf{1}^{\top}\boldsymbol{c}_i=1,\boldsymbol{c}_{i,k}\geqslant 0$$

并有闭式解

$$\begin{cases}\boldsymbol{c}_{i,k}=1,k=\arg\min_k h_{i,k};\ \boldsymbol{c}_{i,k'}=0,k'\neq k & \eta=1\\ \boldsymbol{c}_{i,k}=\dfrac{(h_{i,k})^{\eta-1}}{\sum\limits_{j=1}^{K}(h_i,j)^{\eta-1}} & \eta>1\end{cases}$$

通过一次求解每一个子问题，Lift 目标函数值将下降，并趋于收敛。

评注 5-7 当 $\boldsymbol{\lambda}_1$ 足够大时，学到的 $\mathcal{L}_K$ 将很小甚至趋于 0。当全局度量适用于局部区域中样本间关系的衡量时，局部区域对应的损失函数将比较小，并不需要增加局部度量偏差，$\mathcal{L}_K$ 也将趋于 0。考虑到 Lift 算法对局部度量的自适应选择性质，我们在优化过程中考虑一种截断操作。当某个度量偏差 $\boldsymbol{\Delta L}_k$ 的范数足够小时，优化过程将去除该度量和对应的权重 $\{\boldsymbol{p}_{i,k}\}_{i=1}^N$、局部中心 $\boldsymbol{c}_k$。这种自适应的属性在本章实验中也有体现，这使得最终优化得到的局部度量可能少于最初设置的局部度量数目。在训练过程中，当多组参数有相同的验证集结果

时，本书偏向于选择可能给出较少局部度量的较大的 λ_1 参数。

评注 5-8 上述对 LIFT 框架的算法和分析都使用了所有可能的样本对进行度量学习。而实际过程可按照第 2 章描述的策略对二元组进行构造。在实验中，二元组通过对每一个样本选择 10 个欧式距离下的同类近邻和 10 个欧式距离下的异类近邻得到。

5.4.4 LIFT 方法的全局度量版本

当全局度量能够较好的描述大部分样本的属性，或参数 λ_1 足够大时，局部度量偏差 $\{\Delta L_k\}_{k=1}^K$ 将趋于 0。此时式（5.16）中的多度量学习方法可以退化为一个全局度量方法。设置 $\eta=1$ 且令 $\{\Delta L_k=0\}_{k=1}^K$，可得到如下的全局版本 LIFT 算法：

$$\min_{L_0,\mathcal{P}_K,\mathcal{C}_N} \sum_{i=1}^{N}\sum_{k=1}^{K} c_{i,k}\|x_i-p_k\|_{L_0}^2+\lambda_1\|L_0\|_F^2+$$
$$\lambda_2\sum_{(z_i,z_j)\sim\mathcal{P}_0}(\ell(q_{ij}(\gamma-\mathrm{Dis}_{L_0}^2(x_i,x_j))))$$
$$\text{s.t. } \forall i=1,\cdots,N,\mathbf{1}^\top c_i=1,c_{i,k}\geqslant 0 \tag{5.20}$$

和传统全局度量学习方法进行比较，值得注意的是 LIFT 的全局度量目标不但要求在全局度量投影 L_0 的衡量下相似样本之间距离较小且不相似样本的距离较大，而且学习了 K 个聚类中心。相似的局部样本将在学习过程中向局部类中心趋近，这也在一定程度上增强了度量空间中的可判别性。

5.5 实验验证

实验中，我们从分类实验、可视化实验、数值实验等不同方面分别验证了本章提出的两种多度量学习方法 UM²L 和 LIFT 的有效性。一方面，本章提出的多度量学习方法能够适用于不同类型的实际任务，另一方面，该方法能通过学习，从数据中抽取可解释的语义信息。

5.5.1 分类性能测试

作为通用的多度量学习方法，本节将 UM²L 与 LIFT 和 7 种主流度量学习方法在 20 个数据集上进行比较。对比方法分为全局方法 LMNN[42]、ITML[37]、EIG[45]、RVML[80]；局部多度量学习方法 MMLMNN[42]、PLML[70]、SCML[71]。基于学到的度量，使用 3 近邻（3NN）对模型进行评估。实验中也记录了基于欧氏距离的 3 近邻分类性能 EUCLID。UM²L 使用稀疏正则项，并使用分组归并相似度对应的算子，LIFT 使用差异化正则项（在后续可视化实验中对 F 范数正则项的结果进行部分探究），根据 LIFT 框架设计的全局度量学习方法记为 LIFT_{G}。

所有方法都在 20 个真实数据集上进行测试，在每一个数据集上都重复 30 次实验以评估算法在每个数据集上的性能。在每次测试中，数据集按 40%、30%、30% 的比例随机分为三个部分，分别作为训练、验证和测试集，每一个算法在验证集上调参，并在结合训练、验证集重新训练模型后，在测试集上测试。实验中大多数数据集来自 UCI 数据库[144]。其余数据集介绍如下："optdigits" 是手写数字数据集，包含 10 个类别，共 5 620 个 64 维样本；"pendigits" 是手写数字识别数据集，包含 10 个类别，共 10 992 个 16 维样本；"USPS" 数据集也源于同一任务，但有 9 298 个 256 维样本㊀；"citeseer" 是一个关联预测数据集[124]，包含 6 个类别，共 3264 个 3 703 维实例；"Reut8" 来自路透社数据集，包含 8 个类别，共 7 670 个 500 维样本[145]；3 个 "voc2009" 数据集来自文献［146］，我们提取了 3 种不同类型的特征，即词袋（Bag of Word）、Fisher 向量（FV）和空间金字塔匹配（SPM）3 种特征；本书还从在线购物网站的"服装""婴儿""体育" 3 个类别中收集来自不同类别的商品图像数据集，每一个类别包含多个商品子类，作为数据中潜在的子语义。商品的类别作为图片的标签，每一张图片使用词袋方法提取 500 维特征。具体而言，"服装" 类别包含 2 000 个样本，且具有 3 个子语义；"婴儿" 类别包含 1 608 个样本，包含 3 个子语义；"体育" 类别包含 5 000 个实例，包含 6 个子语义。所有数据集使用主成分分析作为预处理，在数据集的原始维度大于 200 时将数据集降维至 200。

LIFT 中学到的局部类别中心能够辅助新样本的分类问题。

㊀ https://www.otexts.org/1577。

由于局部度量能刻画样本的某种局部特性，因此，如果某样本具有局部特性，则用局部度量计算的样本之间的距离应明显小于全局度量所测量的距离。这种性质也相应地反映在LIFT的目标中。因此，利用全局度量可以提供样例测量间测量的一个阈值，即当某个测试样本通过局部度量计算出的和类中心之间的距离小于使用全局度量计算得到的类中心距离时，该局部度量被“激活”。如果所有的局部度量都没有被激活，则选择和样本最近的局部类中心对应的局部度量；如果多个局部度量同时被激活，则样本到各激活中心之间的距离可以作为不同局部度量的权重[42] 以实现对多个度量的组合。

表 5.2 显示了不同数据集上的平均错误率和标准差，其中每一个数据集的最佳性能使用粗体表示。可以看出，和欧氏距离的结果 EUCLID 相比，度量学习方法能够提高 *k* 近邻分类的能力。由于多度量学习方法能够考虑局部特性并增强模型的表示能力，因此其分类性能有进一步的提升。如在 australian 中，全局度量学习可以有效地降低 3NN 的错误率。虽然像 SCML 和 LIFT 这类多度量学习方法能够取得更好的效果，但是在某些情况下，多度量学习方法可能过拟合。例如在 infant 和 german 中，LIFT 可以自动减少局部度量的数目并降低模型复杂度。LIFT 可以在 14/20 数据集上获得最佳结果。而 $\text{U}_{\text{M}^2}\text{L}$ 的分类能力不如 LIFT，后文对 $\text{U}_{\text{M}^2}\text{L}$ 方法在语义挖掘问题上的能力做了进一步分析。

表 5.2　多种度量学习分类方法基于 3 近邻的性能比较结果（测试误差与标准差）

	LIFT$_D$	LIFT$_G$	MMLMNN	SCML	PLML	UM^{2}L	RVML	ITML	EIG	LMNN	EUCLID
austral	. 170±. 025	**. 158±. 028**	. 198±. 023	. 167±. 021	. 172±. 033	. 174±. 024	. 167±. 015	. 197±. 030	. 174±. 026	. 228±. 021	. 229±. 023
citeser	**. 309±. 014**	. 319±. 012	. 338±. 015	. 334±. 013	. 326±. 011	. 342±. 032	. 310±. 013	. 369±. 012	. 400±. 016	. 373±. 012	. 374±. 014
coil20	. 023±. 008	. 029±. 011	. 022±. 006	. 032±. 010	**. 021±. 007**	. 038±. 024	. 034±. 009	. 039±. 011	. 063±. 010	. 051±. 010	. 054±. 011
costume	. 200±. 019	. 200±. 016	. 199±. 032	**. 192±. 015**	. 229±. 015	. 205±. 037	. 230±. 013	. 254±. 027	. 271±. 016	. 230±. 016	. 254±. 017
credit-a	. 163±. 027	. 166±. 031	. 181±. 028	**. 162±. 030**	. 190±. 155	. 172±. 029	. 167±. 029	. 192±. 036	. 172±. 031	. 214±. 024	. 216±. 023
credit-g	**. 271±. 028**	. 295±. 023	. 303±. 023	. 308±. 019	. 300±. 023	. 296±. 027	. 284±. 023	. 301±. 025	. 310±. 019	. 303±. 024	. 302±. 024
german	**. 269±. 016**	. 295±. 026	. 300±. 024	. 297±. 025	. 296±. 019	. 297±. 023	. 280±. 022	. 302±. 022	. 302±. 023	. 296±. 024	. 296±. 024
infant	. 210±. 018	**. 209±. 019**	. 213±. 022	. 252±. 029	. 256±. 015	. 222±. 031	. 225±. 015	. 250±. 019	. 272±. 017	. 229±. 015	. 250±. 016
letter	. 040±. 003	. 041±. 003	. 044±. 006	. 040±. 002	**. 034±. 002**	. 068±. 003	. 053±. 003	. 054±. 003	. 090±. 006	. 053±. 003	. 059±. 003
optdigits	. 015±. 003	. 016±. 003	**. 014±. 005**	. 024±. 005	. 016±. 002	. 015±. 003	. 029±. 004	. 021±. 006	. 021±. 004	. 023±. 004	. 024±. 004
pendigits	. 006±. 001	. 006±. 001	. 006±. 001	**. 005±. 001**	. 007±. 002	. 007±. 001	. 016±. 002	. 007±. 002	. 007±. 002	. 007±. 001	. 007±. 001
reut8	**. 065±. 005**	**. 065±. 005**	. 098±. 036	. 118±. 167	. 068±. 005	. 191±. 087	. 073±. 004	. 117±. 010	. 456±. 011	. 149±. 007	. 162±. 007

（续）

	LIFT$_D$	LIFT$_G$	MMLMNN	SCML	PLML	UM^{2}L	RVML	ITML	EIG	LMNN	EUCLID
sick	**.030±.004**	.034±.004	.035±.005	.032±.005	.034±.005	.033±.008	.040±.005	.037±.006	.031±.004	.038±.004	.038±.005
spambase	**.063±.007**	.074±.008	.075±.007	.086±.009	.069±.006	.069±.005	.086±.007	.092±.009	.072±.006	.096±.008	.095±.008
sports	.123±.008	.124±.008	**.121±.020**	.129±.006	.140±.009	.134±.035	.150±.007	.196±.037	.212±.011	.119±.006	.199±.007
usps	**.046±.003**	.048±.003	.055±.023	.063±.005	.045±.004	.142±.101	.073±.005	.091±.011	.734±.007	.054±.005	.100±.005
voc2009_b	**.343±.011**	.381±.011	.415±.032	.450±.012	.429±.010	.405±.032	.387±.012	.502±.011	.473±.018	.441±.015	.502±.011
voc2009_f	**.375±.013**	.400±.012	.435±.040	.456±.011	.458±.010	.421±.018	.413±.010	.492±.011	.510±.014	.444±.009	.496±.012
voc2009_s	**.339±.011**	.371±.010	.392±.011	.437±.011	.417±.009	.392±.018	.381±.010	.494±.010	.459±.015	.441±.010	.496±.012
waveform	**.139±.007**	.185±.071	.204±.009	.182±.010	.160±.006	.171±.060	.162±.008	.286±.016	.173±.007	.255±.008	.285±.010
W/T/L	LIFT$_D$ vs. others		14/6/0	13/5/2	14/5/1	13/7/0	17/3/0	20/0/0	17/3/0	19/0/1	20/0/0
W/T/L	LIFT$_G$ vs. others		8/10/2	10/8/2	10/6/4	9/10/1	14/3/3	18/2/0	15/4/1	17/0/1	18/2/0

注：最后两行为 LIFT 方法与其他方法相比在 95%置信度下的 t 检验结果。

本节还比较了 LIFT 的全局度量版本，其结果也列在表 5.2 中。由于 LIFT 的全局和局部版本之间的优化不同，即使 LIFT 最终只输入一个全局度量，LIFT_G 也可能与其局部版本有不同的错误率。在大多数情况下，LIFT_G 比全局度量学习方法表现更好，有时甚至和多度量学习方法取得相同甚至更好的结果。一方面，这种现象源于 LIFT_G 找到的局部中心将局部样本聚集在一起并同时优化全局距离度量的属性；另一方面，LIFT_G 的优化模式使得该方法在一定程度上同时考虑了全局和局部特性，学到的度量更加紧凑有效。

5.5.2 UM^2L 在不同类型实际问题中的应用

考虑到 UM^2L 中算子 κ 的多样性，实验也通过不同的实际应用对框架进行测试，具体为社交网络潜在好友发现、多视图语义的检测与可视化、文本图像语义的挖掘以及图片聚类和检索。为方便讨论，本书大多情况下使用式（5.2）中的三元组辅助信息，但在社交网络实验中，我们也展示了二元组信息的效果。在框架中，我们具体使用交替优化方法、平滑铰链损失、$\ell_{2,1}$ 范数正则项。三元组通过为每一个样例寻找 3 个欧式同类近邻和 10 个欧式异类近邻构成。

5.5.2.1 社交网络关联性发现

顶端抑制相似度（ADS）满足社交网络中用户之间的关联性产生模式，如果两个用户是好友，则至少有一种共同的兴趣爱好。由于二元组信息可以直接从社交网络的关系图中获得，因此本节使用基于二元组的 $\text{UM}^2\text{L}_{\text{ADS}}$。为测试学到度量的有效性，我们在社交网络数据集上验证学到的度量能否挖掘用户的潜在语义信息，并将潜在的好友进行关联。

社交网络的关联关系来源于 6 个真实的 Facebook 好友关系数据集[125]。在每一个数据集中，给定某个中心用户和其他用户之间的综合好友关系（两两用户之间是否为好友）以及用户的二元特征，目标是挖掘出用户潜在的多个好友分组，使得每一个分组中的好友有共同的特性或爱好。实验使用好友用户和中心用户之间的特征之差作为每一个好友用户的特征，将用户数小于 5 的好友分组去除，UM^2L 中的度量数目设置为和好友分组数目相同，使得不同的度量将聚集有不同爱好的好友。在对比方法中，MAC 方法只能处理二值特征[147]，SCA 通过概率化方法联系用户[72]，EGO 方法可以直接输出好友中潜在的分组索引[125]。两种度量学习方法 LMNN[41] 和 ITML[37] 也被进行比较，并能有效利用用户之间的关联信息。在 $\text{UM}^2\text{L}_{\text{ADS}}$ 中，不同度量对应不同的语义，通过度量集合 $\mathcal{M}_K$ 和学到的阈值 γ，语义空间中的用户能被分组，使得相似的用户聚集成潜在的好友分组。

使用平衡错误率（Balanced Error Rate，BER）[125] 对不同空间中寻找到的可能的好友分组和真实的好友分组标记进行比较，值越低表示预测越准，结果展示在表 5.3 中。度量学习的方法相比于直接聚类方法有明显的优势，这说明利用用户之间的好友关系能够辅助潜在好友的分组判断；由于 $\mathrm{UM^2L_{ADS}}$ 同时学习多个可能的语义，并且用这些语义模拟潜在的好友关系，因此能够对用户的关联性有更好的判断，并取得最好的性能。

表 5.3 Facebook 数据集上社交网络圈发现的 BER 指标（越低越好）

BER↓	KM	SP	MAC	SCA	LMNN	ITML	EGO	UM²L
F_348	.669	.669	.730	.847	.586	.633	.426	**.405**
F_414	.721	.721	.699	.870	.614	.562	.449	**.420**
F_686	.637	.637	.681	.772	.589	.626	.446	**.391**
F_698	.661	.661	.640	.729	.460	.386	**.392**	.420
F_1684	.807	.807	.767	.844	.803	.727	.491	**.465**
F_3980	.708	.708	.541	.667	.454	.428	.538	**.407**

5.5.2.2 多视图潜在语义挖掘

$\mathrm{UM^2L}$ 也可以用于挖掘给定数据中的潜在语义。例如，提供的数据可能包含多种描述对象的特征属性集，此时对象之间的关联关系和顶端抑制相似度（ADS）、分组归并相似度（RGS）的假设吻合。ADS 强调在比较对象的过程中某些语义特性可能会被激活，而 RGS 强调在所有的语义空间中，对象间的相似关系是要吻合并且一致的。假设具有低秩的正则项（矩阵迹正则项），UM²L 可以学到多个可能的低维投影 $\boldsymbol{M}_k=\boldsymbol{L}_k\boldsymbol{L}_k^\top$ 其中 $\boldsymbol{L}_k\in\mathbb{R}^{d\times 2}$，将每一个投影的最大的两个特征向量取出，即可作为其到二维空间的投影算子。具有多视图语义的数据集来源于文献［39］，其中包含 200 个样本，每一个样本包含两种不同的语义（形状和颜色），真实的三元组信息被用于度量学习的辅助信息。令 UM²L 中的度量数目 $K=2$，不同方法的结果显示在图 5.5 中。

图 5.5g 和图 5.5h 分别为 $\mathrm{UM^2L_{ADS}}$ 学习后投影 $\boldsymbol{M}_1$ 和 $\boldsymbol{M}_2$ 的二维结果，其中能明显看出，$\boldsymbol{M}_1$ 挖掘出了数据中的形状语义，而 $\boldsymbol{M}_2$ 对应颜色语义。对于 $\mathrm{UM^2L_{RGS}}$，如图 5.5i 和图 5.5j 所示，子空间中的判别性更强。因此，$\mathrm{UM^2L_{ADS}}$ 和 $\mathrm{UM^2L_{RGS}}$ 这两个变种，都可以在数据中挖掘出潜在的语义信息。MVTE[39] 直接基于三元组信息产生二维空间的表示，如图 5.5a 和图 5.5b，分别对应颜色和形状两个语义，但是仍存在离群点，并没有足够好的判别性。MMTSNE 是可视化方法 TSNE 的多视图扩展版本[73]，基于样本的成对关系，其从数据中挖掘出的子空间如图 5.5c 和图 5.5d。可以看出，在图 5.5c 中同时具有两种语义，而图 5.5d 中所有样本聚集在了一起。这种语义偏离和聚集的现象在文献［128］中也有相关发现。SCA[72] 能够同时利用特征和样本对关系，产生图 5.5e 和图 5.5f 中的低秩（低维）投影，二者分别对应形状和颜色。

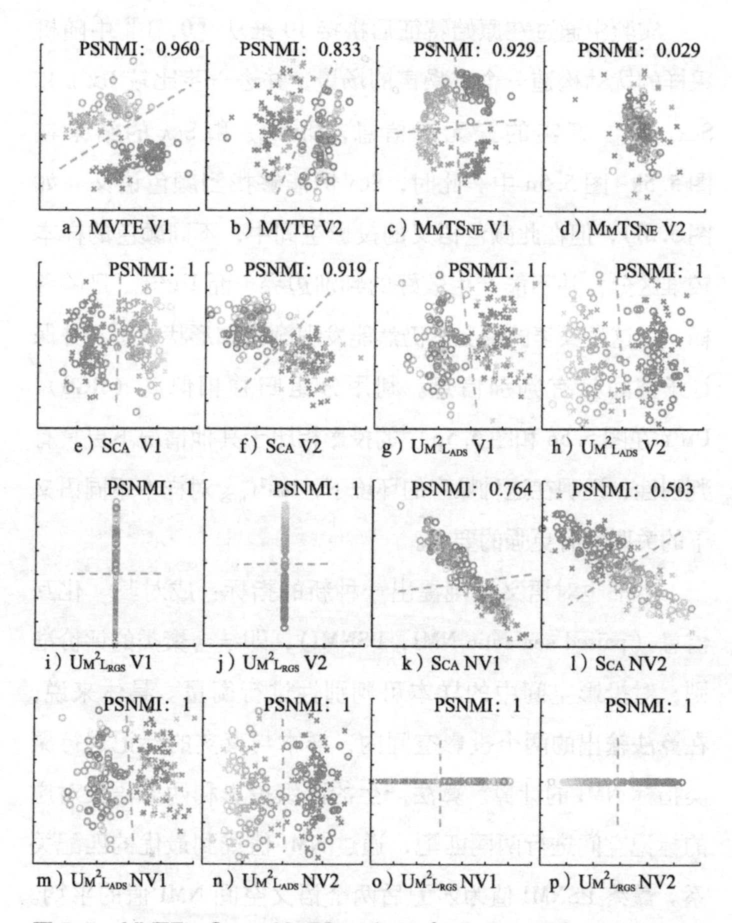

图 5.5 MVTE、SCA、MMTSNE 和 UM²L 在具有颜色和形状两种语义的数据中找出的子空间

注：虚线表示可能的决策边界。“V”表示在原始环境下发现的语义视图，而“NV”表示在特征有噪声环境下发现的语义视图。图的右上角表示本书提出的语义挖掘新指标 PSNMI 的值，越大越好。

实验中通过在原始特征后拼接10维从［0，1］中随机采样的扰动构造一个有噪声的场景，并进一步比较UM^2L和SCA。基于真实的三元组信息，$\text{UM}^2\text{L}_{\text{ADS}}$和SCA的结果在图5.5k~图5.5n中。此时，SCA仍能够找到颜色语义（如图5.5l），但在此颜色语义的投影空间中，不同颜色的样本较难区分，并不能产生较好的判别边界。而$\text{UM}^2\text{L}_{\text{ADS}}$足够鲁棒，在这种噪声的情况下仍然能发现颜色和形状视图，并保证子空间具有判别信息。利用分组归并相似度（RGS），UM^2L在图5.5o和图5.5p中的投影相比于其他情况下更具有判别性，说明在这种噪声的环境下，$\text{UM}^2\text{L}_{\text{RGS}}$对样本不同语义下的关联性有更强的要求。

本书也对语义挖掘提出一种新的指标：成对归一化互信息（paired semantic NMI，PSNMI），即结合聚类的评价准则，对投影空间中的样本可判别性进行衡量。具体来说，在算法输出的两个投影空间内，样本与真实的标记进行聚类指标NMI的计算。算法产生的两组投影和两个语义对应的标记空间进行两两匹配，通过NMI值找到最优的匹配关系。最终PSNMI值为匹配后两个语义空间NMI值的平均。在图5.5中，每张子图的右上角显示了PSNMI值，根据数值的比较，UM^2L的多种变体能够在不同情况下找到合适的语义。

5.5.2.3 图片文本中的潜在语义发现

UM²L 学习的多个度量可以对应多种不同的语义，因此，通过对图片、文本数据的学习，可以对其中潜在的语义进行发现与挖掘。本节考虑两个不同类型的任务，分别为论文关联关系解释以及图片弱标记发现。

在论文关联性解释任务中，本书对国际机器学习会议（ICML）2012—2015 年的论文进行收集。每一篇论文会有多个不同的主题，使用论文在会议中的分会主题作为每一篇论文的标签，具体包括“特征学习”“在线学习”以及“深度学习”3 个主题。针对 220 篇论文中的所有词汇，我们取出 1 622 个常用的非停词，并利用 TF-IDF 特征和论文标签之间的关联关系学习度量。由于标签信息无法提供论文的多样主题，因此使用 $\text{UM}^2\text{L}_{\text{ADS}}$ 和 $\text{UM}^2\text{L}_{\text{OVS}}$ 对论文中的语义进行发现。如前文所述，为避免平凡解，$\text{UM}^2\text{L}_{\text{OVS}}$ 使用正则项 $\boldsymbol{\Omega}_k(\boldsymbol{M}_k)=\|\boldsymbol{M}_k-\boldsymbol{I}\|_F^2$。学到某个度量之后，度量可以被分解为 $\boldsymbol{M}_k=\boldsymbol{L}_k\boldsymbol{L}_k^\top$，其中投影矩阵的每一行对应每一维特征，即语料库中的每一个词汇，使用投影矩阵每一行的 ℓ_2 范数为每一个特征（词汇）进行加权，反映出在每一个度量下，每个特征的重要性。这种方法能够发现在每一个语义中代表性的词汇。这些词汇通过词云的方法显示在图 5.6 中。

a) LMNN度量　b) PLML度量1　c) PLML度量2

d) MMLMNN1　e) MMLMNN2　f) MMLMNN3

g) SCA度量1　h) SCA度量2　i) SCA度量3

j) SCA度量4　k) SCA度量5　l) SCA度量6

m) UM^{2}L$_{ADS}$度量1　n) UM^{2}L$_{ADS}$度量2　o) UM^{2}L$_{ADS}$度量3

p) UM^{2}L$_{ADS}$度量4　q) UM^{2}L$_{ADS}$度量5　r) UM^{2}L$_{ADS}$度量6

s) UM^{2}L$_{OVS}$度量1　t) UM^{2}L$_{OVS}$度量2　u) UM^{2}L$_{OVS}$度量3

v) UM^{2}L$_{OVS}$度量4　w) UM^{2}L$_{OVS}$度量5　x) UM^{2}L$_{OVS}$度量6

图 5.6　根据不同度量学习方法产生的词云（词的大小表示度量对该词（特征）的权重）

图 5.6 中也显示了 Lmnn、Plml、MmLmnn 和 Sca 等方法。其中，Lmnn 只返回一个全局度量。由 Lmnn 学到的度量可能具有较强的判别能力，但词的权重无法区分 3 个选择到的主题。对于多度量学习方法 Plml 和 MmLmnn，尽管它们可以提供多个基本度量并因此具有多个词云，但是子图中呈现的词并不具有清晰的物理语义含义。特别是 Plml 输出的多个度量彼此相似（且倾向于全局度量），并且都只关注字母表的第一部分，而 MmLmnn 默认学习和类别数目相等的 3 个度量，并不能发现更多的语义。将 Sca 和 Um^2L 在训练过程中的度量数目设为 6，Sca 可以发现“在线学习”和“深度学习”中的一些关键词，例如关于在线学习，有“reward”“bound”“adversary”；对于深度学习，有“GPU”“layer”。$\text{Um}^2\text{L}_{\text{OVS}}$ 的结果清楚地展示了所有 3 个主题。在主题“在线学习”中，它可以发现不同的子领域，如“online convex optimization”（图 5.6s 和图 5.6t），以及“online(multi-)armed bandit problem”（图 5.6v）；对于主题“特征学习”，它能发现具有“feature score”（图 5.6u）和“PCA projection”（图 5.6x）；对于“深度学习”，词云中能显示如“网络层”“auto encoder”“layer”（图 5.6w）等关键词。$\text{Um}^2\text{L}_{\text{ADS}}$ 也能发现所有 3 个主题，但找出的关键词与 $\text{Um}^2\text{L}_{\text{OVS}}$ 有所不同。从图 5.6m 开始，主要的主题对应是“领域自适应”，这可能与深度学习研究中的可迁移特征学习有关。图 5.6n、图 5.6o 和图 5.6q 都是关于特征学习但是有不

同的子主题，即图 5.6n 中对应的主题关于度量学习中的“结构特征学习”，强调对象之间的成对约束图 5.6o 是关于特征构造中的“流形学习”，图 5.6q 是关于子空间学习和特征学习中的“降维”，关键词“eigenvector”被强调。图 5.6p 与深度学习有关，词云清楚地显示了“network layer”“RBM”等关键词。图 5.6r 对应在线学习语义，有关键词“arm”“optimal”“bandit”“regret”。值得注意的是，潜在语义是从 UM²L 学到的度量中发现的，这也验证了该框架具有对语义的挖掘能力，有益于一些后续任务。

UM²L 对语义的抽取也可以被用于图片弱标记场景中。每一张图片都可能包含多种不同的语义[148-150]。图像之间的关联性可能仅取决于其共有的某一个语义成分，类似地，图像之间的差异性也可能仅由于着眼的某个语义不同。本书使用来自文献［148］的图像数据集，其中每个图像都包含来自沙漠、山脉、海洋、日落和植物的一个或多个标签。对于每个图像，我们选择其最明显的标签并对此数据集进行转换，使每个样例只有一个标签。在这种情况下，由于图像具有大量潜在语义，图像之间的相似性或不相似性只取决于图像中的某一个语义。$\text{UM}^2\text{L}_{\text{OVS}}$ 可以获得多个度量，并保证每一个度量都具有一定的视觉语义。基于不同度量计算相似性，可以发现潜在的语义，即假设在某个语义中非常相似的两张图像可能具有共享的标签，通过该策略，我们可以对图像的标签进行补全。利用这种弱标记信息发现语义的结果如图 5.7 所示。

图 5.7 UM²L 针对图片进行潜在语义挖掘的结果（图片下方括号中的词分别表示已知的和挖掘出的语义）

其中括号中的标注表示训练标签和利用 UM²L 发现的隐藏标签。一个图像可能具有复杂的语义。例如，图 5.7b 是关于山旁边的湖泊，图 5.7j 描绘了山脉和树木。这两张图是相似的，因为它们都有山（类似，因为它们是基于语义“山”的度量来衡量并比较的）。图 5.7a 也是关于山脉的，但湖泊更为明显。鉴于训练标签是“海”，该图很难与“山”的图片联系起来。UM^2L_{OVS} 可以学习多个度量，每个度量对应一个语义。如果图 5.7a 和图 5.7b 在训练提供的三元组中不相似，UM^2L_{OVS} 会找到一个度量语义空间（例如“日落”）以解释其不相似性，但并不否认这两张图在“海”和“山”的语义（度量空间）上相似。

5.5.2.4 图片的聚类和索引

为验证 UM²L 的有效性，本小节在 Cars196 数据集[151] 中将 UM²L 的多度量学习思路用于深度度量学习领域，并与相关的深度度量学习方法在图像聚类和检索的任务上进行比较。数据集中共有 196 类不同骑车的图片。实验使用和文献［74］相同的测试协议，其中前 98 个类别作为训练集，剩下的类别用于测试。所有方法基于 GoogLeNet 进行特征变换，并基于其预训练的权重进行微调。输入图像大小调整为 256×256，训练阶段使用随机裁剪（至 227×227）、随机水平翻转进行数据增广，测试阶段仅使用中心裁剪；优化过程设置每一批样本量为 128，使用随机梯度下降，冲量设为 0.9，基本学习率为 1e-4，其中最后一层的学习速率比之前的快 10 倍。文献［77］中的实验现象表示对图像进行特征抽取后，不同的特征维度对最终度量学习的性能影响不大，因此本实验固定投影维度为 64，设置 UM²L 共学习 5 个度量投影，使用三元组损失函数[25]，最终聚类或检索的任务使用综合相似度完成。

使用 NMI 衡量聚类的质量，并使用 Recall@ K 表示检索的性能。实验中和以下主流方法进行对比，即三元组损失函数（triplet semi-hard negative loss）[25]、提升结构损失函数（Lifted structure loss）[74]、NPairs 损失函数[75]，以及聚类损失函数（clustering loss）[77]。结果显示在表 5.4 中，因为使用相同的实验设置，其中对比方法的数据来自文献［77］。得益于同时学习多个语义度量，UM²L 及其变种能取得比已有方法更好的聚类和检索性能，其中分组归并相似度由于度量要求更严格，因此取得了最好的效果。

表 5.4 CAR196 数据集上不同深度度量学习方法的聚类和检索性能比较

	NMI	R@1	R@2	R@4	R@8
Triplet[25]	53.35%	51.54%	63.78%	73.52%	82.41%
Lift Struct[74]	56.88%	52.98%	65.70%	76.01%	84.27%
NPairs[75]	57.79%	53.90%	66.76%	77.75%	86.35%
Clustering[77]	59.04%	58.11%	70.64%	80.27%	87.81%
$\mathrm{UM^2L_{ADS}}$	59.90%	69.03%	79.63%	87.02%	91.80%
$\mathrm{UM^2L_{OVS}}$	58.81%	68.69%	78.51%	86.39%	92.01%
$\mathrm{UM^2L_{RGS}}$	**61.35%**	**70.61%**	**80.67%**	**88.21%**	**93.04%**

5.5.3 LIFT 自适应性验证

LIFT 的一个关键属性是动态选择局部变换的数量，这不仅可以自适应地控制整个模型的复杂性，还可以减少计算负担。我们从不同的角度测试 LIFT 的多度量自适应属性。

图5.8中展示了使用tSNE[152-153]可视化度量学习表示空间的结果，使用的数据集和参数与分类实验中一致。图5.8a~图5.8d显示在austral的投影可视化效果。LMNN投影将相同的类样本聚集在一起，如图5.8b中所示，但通常会拉近来自不同类的实例；而LIFT_D输出2个局部度量空间，如图5.8c和图5.8d所示。可以发现，这2个投影分别将样本依照2个类别进行局部区分，这验证了LIFT的局部度量能够捕获比全局度量更有用的空间信息。infant的投影结果显示在图5.8e~图5.8h中。该数据可能有相关的子空间。一些局部度量学习方法如SCML和PLML在此数据上过拟合，但LIFT自适应地减少了局部度量的数量并获得了更好的分类结果。如图5.8g~图5.8h所示，$\text{LIFT}_{D/F}$（下标F表示使用F范数的LIFT方法）输出具有足够的判别力的全局变换。本节还研究了其他UCI数据集的可视化结果。图5.8j~图5.8l为House-Vote上的投影结果，图5.8m~图5.8p为Heart上的结果。LIFT_D在2种情况下输出2个局部变换。值得注意的是，LIFT提供的局部投影使其与欧氏距离或LMNN学习的度量相比显示出较高的判别能力。

我们还构造了2个5类人造数据集，分别有1 000个50维样本，从数据集中随机抽取一半样本进行训练，余下的部分用于测试。人造数据集中每一个类别均通过多元高斯分布抽样得到，类之间的重叠比例可以通过类协方差矩阵进行调整。我们在第一个人造数据集中设置类别协方差，使不同的类彼此远离。因此 Euclid 可以进行较好的分类，如图 5.8q 所示。这种较容易的问题只需要单个度量。此时 Lmnn 和 Lift_D 都只输出全局度量，并给出类似的样本投影，因此只有 Lift 结果列在图 5.8r 中。虽然在该简单的任务中不能进一步减少分类错误，但通过 Lift 可以获得更紧凑的聚类。值得注意的是，虽然最初设定学习 5 个局部度量，但 Lift 在这种情况下**自动选择**，使局部偏差为零，只输出全局度量。此特性表明当全局度量足够好时，Lift 并不会进一步添加更多的局部度量，从而避免了模型的过拟合。第 2 个人造数据集通过调整协方差使类别之间重叠区域较大，投影结果列于图 5.8s～图 5.8x 中。可以发现，使用欧氏距离会导致不同类别相互混淆，且 3NN 的测试误差为 0.046。应用 Lmnn 后，测试误差减少到 0.020。如图 5.8t 所示，相同类的样本在投影中彼此靠近，但不同类的样本之间并未相互远离，因此该投影不具有较强的辨别能力。只有一个全局度量不足以反映数据的本地属性。Lift 设置 $\lambda_1=\lambda_2=10$，测试错误将进一步减少到 0.014 并获得 5 个局部变换。由于不同的投影结果类似，仅对应的局部类别中心不同，因此仅画出其中 4 个投影，如图 5.8u～图 5.8x 所示。可以发现，局部中心分别对应每一个类别，使得在每一个局部投影中都保持较高的判别性，相同的类样本彼此接近而不同的类样本相互远离。

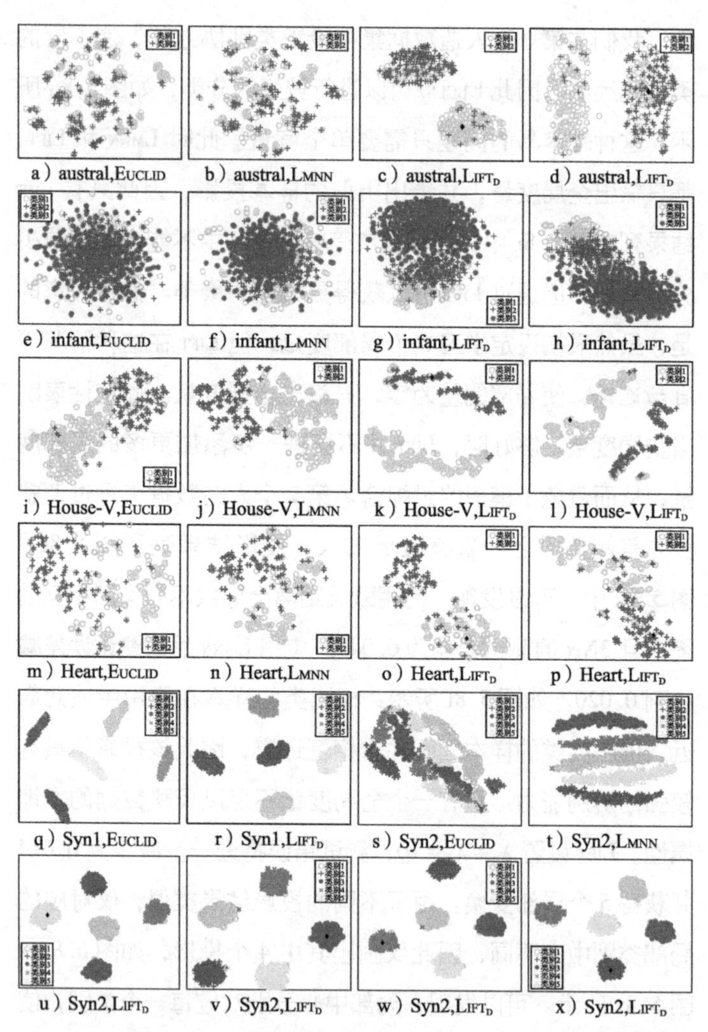

图 5.8 “austral”“infant”“House-V”“Heart”和两个人造数据集上的可视化效果。不同颜色表示不同的类别，黑色菱形表示 LIFT 优化得到的类别中心

为进一步测试 LIFT 的自适应性，实验在具有多个“相关子空间”的人造数据上对其性能进行测试。具有相关子空间的人造数据集为 50 维，包含 24 个类，每个类中有 100 个样本分别用于训练、验证和测试。通过如下方式生成具有多个相关子空间的人造数据集：首先为每一个类别随机产生均值和协方差，用于每一个类别的高斯分布。此外，随机产生一个基正交投影矩阵，将所有类别分成多个组，每一组有 3 个类别并共享同一个正交投影。类别分组的正交投影通过对基投影投影再加上一个稀疏的噪声矩阵获得，这使得同一组的类别共享同一个子空间，而不同组的类别在不同但相关的子空间中。从所有类别中随机挑选两类，并逐渐增长类别数目，在此过程中，测试基于 3NN 的 EUCLID 和 LIFT 的性能，以检查 LIFT 识别出不同类别中共享的相关子空间的能力。

LIFT 方法通过差异化正则项实现。对于某个数据集，我们将局部度量的初始数量设置为与类别数量相同（图 5.9a 中的虚线），然后在验证集上调参，在测试集上进行评测，整个过程重复 10 次。对于特定数量的类，我们记录了测试误差的平均值和 LIFT 的输出度量的数量，并展示在图 5.9 中。索引为 1 处的值（类别数目等于 1）的测试误差对应使用全局度量的结果。根据图 5.9 中的结果，图 5.9a 显示了真实子空间的数量，以及 LIFT 学习的度量（包括全局和局部度量）的平均值。首先，在所有实验中尽管度量的初始数量设置为类别数，但 LIFT 最终输出的度量数目都远小于该初始值，这表明 Lift 的自适应性。将 Lift 输出度量的数目和真实子空间的数目进行比较，二者虽然存在差异，但十分接近。在图 5.9b 中，当训练类别增加时，整个问题会变得更复杂，但在整个过程中，Lift 使用的局部度量都比欧氏距离的分类性能要更好。

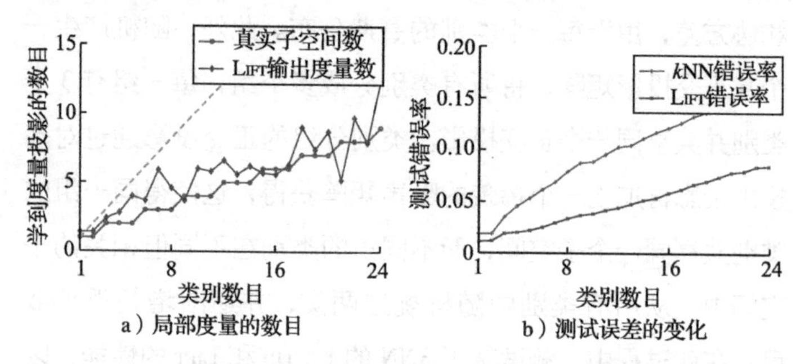

图 5.9 Lift 在具有不同数目相关子空间数据集上学到度量数目的变化曲线。a）中虚线表示数据集中真实类别的数目

5.6 本章小结

本章考虑动态环境中模型的输出层面受到的影响，主要针对对象、对象连接之间的多样化语义。本章的主要思路是通过多度量学习方法，在训练数据中分配多个度量矩阵，以便学习与刻画多个不同的语义成分。本章首先提出一种统一的多度量学习方法 $\mathrm{UM^2L}$，能够利用函数算子，对不同语义下样本之间的相似度/距离进行综合，并能够挖掘出对象的潜在语义。针对多种不同的算子和正则，UM²L 都具备统一的优化方法。此外，考虑到开放环境中的复杂性以及计算代价，本章也提出了一种自适应分配的多度量学习框架 LIFT。该框架有效地利用全局度量在问题中的作用，通过学习多个局部的度量偏差，使得模型能够动态适配简单和复杂的环境。理论和实验均验证了这种考虑全局度量的思路的有效性，以及模型框架的优越性。开放环境中普遍存在噪声的干扰，这不但令输入的特征发生扰动，而且会使得标记空间不准确。在下一章中，本书对该通用的问题进行研究，以使得模型在开放环境中更加鲁棒。

本章的主要工作：

- **YE H J**，ZHAN D C，JIANG Y，et al. What Makes Objects Similar：A Unified Multi-Metric Learning Approach [J]. IEEE Transactions on Pattern Analysis and Machine Intelligence（TPAMI），2019，41（5）：1257-1270.（CCF-A类期刊）
- **YE H J**，ZHAN D C，SI X M，et al. What Makes Objects Similar：A Unified Multi-Metric Learning Approach [C] // Advances in Neural Information Processing Systems 29（NIPS）. NIPS，2016：1235-1243.（CCF-A 类会议）
- **YE H J**，ZHAN D C，LI N，et al. Learning Multiple Local Metrics：Global Consideration Helps [J]. IEEE Transactions on Pattern Analysis and Machine Intelligence（TPAMI），2020，42（7）：1698-1712.（CCF-A 类期刊）

第 6 章

考虑噪声影响的开放环境鲁棒度量学习

6.1 引言

相似性和相异性广泛应用于机器学习领域，而度量学习通过训练数据，学习如何获得一个比欧氏距离更有效的距离度量。由于考虑了不同类型特征之间的关系[56,82]，马氏距离在度量学习中被广泛使用，它的优点已经从不同的角度被发现和验证[34-35]。为了训练马氏距离度量，我们应收集各种类型的辅助信息[44]，以提供样例间距离相对比较的指导方向。在训练过程中优化度量矩阵使得辅助信息中引入的约束尽可能多地被满足，因此，利用学到的度量矩阵，相似的样例变得彼此接近，而不相似的样例则互相远离。虽然相关工作[58,64] 以及第 3 章的分析中指出，当给定“真实”的辅助信息时，通过足够的数据可以学到较好的马氏度量[63-64]，但在训练过程中这种有效的辅助信息实际上是未知的。因此，通常基于来自各种信息源的可靠原始特征生成辅助信息。例如，在有 N 个训练样本的数据中，枚举所有 N^2 种可能的样本关联关系[36,154]，同类样本记为相似，而异类样本记为不相似；或者在总共 N^2 种可能的样本对关系中进行随机选择[37]；文献［41］中也提出利用样本特征之间的初始欧氏距离来搜索近邻的方法，并标记同类近邻样本为相似样本，而异类近邻样本为不相似样本。

开放动态环境需要考虑样本和辅助信息中存在的噪声，而噪声的影响同时存在于输入和输出两个层面。对对象进行“特征”提取的过程可能受到环境的干扰，而导致最终样例的特征表示不准确。样例特征可能存在冗余、错误的情况。冗余的特征可能增加计算负担，使得度量矩阵在一定程度上忽视了真实有效的特征；而错误的特征会导致对象的性质描述不正确。除此之外，在度量学习的问题中，算法的“关联辅助信息”也会受到噪声的影响，对象之间的关系会描述错误。例如在社交网络问题中，用户之间的相似性仅凭借是否为好友关系来判断并不准确，在微信中，即使两个人互为好友关系，也不一定会经常联系。因此，度量学习利用的对象关联关系会存在噪声。这一问题不但存在于开放环境中，在一般的度量学习问题中也广泛存在。度量学习要求的辅助信息是利用**最优度量矩阵**计算的样本之间的相似或不相似性，因此，仅利用初始的特征，很难选取对算法最有效的相似关系。

考虑到以上问题，本章对如何降低度量学习中的不确定性（噪声）进行探索，同时考虑特征空间中（模型输入层面）的不确定性以及对象关联关系上（模型输出层面）的不确定因素，学习一种鲁棒的度量。这种学到的度量能够适应存在噪声以及不确定性的开放环境。

为了减少辅助信息的不确定性，文献［155］和文献［62］针对每一个样本，在其所有可能的 N 个目标近邻中尝试选择策略。本书从特征的角度思考如何同时处理特征和辅助信息中的不确定问题。考虑辅助信息的构成方式：由于特征中存在不确定噪声扰动，破坏了原始的邻域结构，导致了对象之间的度量关系（相似性）发生变化，因此造成了对象之间提供的关联关系发生了变化。基于这种生成过程的角度，为解决开放环境中度量学习中的不确定性，本书提出了通过利用噪声扰动辅助距离度量（Distance metRIc Facilitated by disTurbances DRIFT）的学习方法，基于对样例扰动的明确考虑，实现了鲁棒的距离度量。在 DRIFT 中，所有可能的扰动情况均通过期望距离的形式考虑，以便形成不同的辅助信息约束并为它们分配合理的权重。具体而言，当一对有噪声的样例满足某辅助信息的约束时，DRIFT 要求学习的度量尽可能扩大邻域范围以增加对噪声扰动的容忍度。这种方案将增加度量的鲁棒性且提高度量的泛化能力。因此，样例之间的相关关系针对噪声干扰的容忍水平在一定程度上反映了辅助信息的可靠性。此外，本书通过对扰动分布的建模噪声使

DRIFT 能够定量地形式化样例分布[156]，并有助于减少不正确指导对训练的影响。综上所述，DRIFT 可以提供具有更好辨别能力的鲁棒距离度量。

在算法中，DRIFT 同时学习对样本特征的干扰和度量矩阵。分解度量可以在算法中获得简化的目标函数和对应加速方案，多个关于矩阵的优化子问题也进一步化简为针对一组标量的优化。在实验中，本章在人造数据集中可视化学到的度量的效果，展示了 DRIFT 方法的可解释性。在多个实际数据集上，尤其在给定的样例信息、关联辅助信息不可靠的情况下，本章验证了 DRIFT 算法具有较好的泛化性和鲁棒性，能够被应用于开放环境。

本章后续部分首先研究有噪声环境的度量学习的相关方法，然后详细介绍本书提出的 DRIFT 方法，包括具体的目标函数和详细的优化过程，最后是实验验证和本章小结。

6.2 相关工作

马氏距离在距离度量学习中被广泛研究，而获得有效的马氏距离度量部分取决于能否提供真实有效的对象关联辅助关系。为了获得在最优度量下的样本间的相似关系，文献［42，46］提出了一个多阶段策略，不断利用当前阶段的度量选取同类异类的近邻样本构成三元组，并用此三元组指导下一阶段的度量学习。文献［155］和文献［62］针对每一个样本遍历所有可能的近邻样本，并在目标函数的优化过程中，对可能的同类、异类近邻进行选择。在 Drift 中，本书提出从样例的干扰过程考虑，通过利用样例上的噪声动态地选择有效的关联辅助信息。文献［35］中也介绍了不同的度量学习方法及关联辅助信息的构造、利用方式。

扰动建模可以被视为为训练一个鲁棒的模型[157-158] 或得到更好的特征表示[156,159-160] 所采用的一种正则化的方法[161]。文献［59］首先考虑度量学习中噪声的作用，但仅使用固定的协方差扰动来获得低秩的度量矩阵。在 Drift 算法中，本书**构建扰动分布**，直接设置样本的噪声，以获得鲁棒的度量矩阵。

样例的噪声干扰分布也与样例本身的分布密切相关，直接涉及样例的生成机制。文献［78］中的样例分布被用于对多个度量建模并间接推断未见过的样例的度量，而 Drift 中明确地模拟与样例和辅助信息相关的分布。文献［154］通过样例的扰动辅助鲁棒的流形学习（Manifold Learning），然后，在其算法中学习样例的分布以保持样例之间的欧式距离。相反，Drift 方法直接考虑干扰分布，并结合马氏距离以获得更好的判别能力。

6.3 考虑样本扰动的鲁棒度量学习 Drift

Drift 方法联合学习样例的噪声干扰分布和距离度量矩

阵。本节给出了分布扰动距离的计算方法，之后描述了详细的 DRIFT 优化目标及其优化策略，最后讨论了如何对 DRIFT 方法进行加速。本章使用 $\mathfrak{P}$ 表示概率分布（即随机变量非负，且针对所有可能情况求和为 1），使用 $p_i(\boldsymbol{\epsilon}) \in \mathfrak{P}$ 表示对样例 $\boldsymbol{x}_i$ 的扰动的分布，且 $p = \{p_i(\boldsymbol{\epsilon})\}_{i=1}^N$ 为所有样例扰动分布的集合。对于随机变量 $\boldsymbol{\epsilon} \in \mathbb{R}^d$，KL 散度能用于度量两个分布 $p(\boldsymbol{\epsilon})$ 和 $p_0(\boldsymbol{\epsilon})$ 之间的不一致性，定义为

$$\mathrm{KL}(p \| p_0) = \int p(\boldsymbol{\epsilon}) \log \frac{p(\boldsymbol{\epsilon})}{p_0(\boldsymbol{\epsilon})} \mathrm{d}\boldsymbol{\epsilon} \tag{6.1}$$

KL 散度越小，则两个分布的差异越小。当 KL 散度值为 0 时，两个分布等价。

6.3.1 度量学习中的样本噪声扰动

考虑到噪声对模型输入输出的影响，本节使用统一的角度刻画和分析这种噪声，同时考察如何解决噪声对度量学习的干扰问题。主要的思路是首先查看噪声如何影响样本特征和样本之间的关联信息；其次从特征的角度综合噪声对度量学习的干扰；最后提出动态施加噪声的解决方案，通过训练过程中噪声的引入而“抵消”原始噪声的负面影响，使得最终的度量是鲁棒的，能够应对复杂的开放环境。

首先考察噪声对特征和样本间关系的影响。当样本之间的关系受到噪声干扰时，对度量学习的影响表现为**无法找到正确比较的对象**。而度量学习过程通过二元组或三元组的方

式构建关联辅助信息。为基于有效的比较关系训练度量矩阵，需要通过有效的样本特征进行距离的计算，以便选择关联关系，或在已有的关联关系中选择出最有用的引入训练过程。如果特征层面出现噪声扰动，将直接导致距离的计算不准确，干扰了度量矩阵对特征维度、维度之间重要性的判断。因此本书考虑从特征的角度分析扰动，引入噪声以使得度量学习的训练过程更加鲁棒。

噪声扰动会影响样例的邻域结构，从而导致训练过程不可靠，但这种针对样例的扰动过程也可用于促进在开放动态环境中辅助信息的选择与利用。具体而言，在距离计算中，可以通过考虑如何对样例进行扰动来选择有效或产生有效的辅助信息。在 DRIFT 中，本书关注样例 $\boldsymbol{x}_i$ 和 $\boldsymbol{x}_j$ 之间基于马氏度量 $\boldsymbol{M}$ 的期望距离。考虑距离的期望能够覆盖按照样例分布 $p(\boldsymbol{x}_i)$ 和 $p(\boldsymbol{x}_j)$ 抽样得到的所有的样例 $\hat{\boldsymbol{x}}_i$ 和 $\hat{\boldsymbol{x}}_j$[154,160]：

$$
\begin{aligned}
&\mathbb{E}_{\hat{\boldsymbol{x}}_i,\hat{\boldsymbol{x}}_j}[\mathrm{Dis}_{\boldsymbol{M}}^2(\hat{\boldsymbol{x}}_i,\hat{\boldsymbol{x}}_j)]=\mathbb{E}_{\hat{\boldsymbol{x}}_i,\hat{\boldsymbol{x}}_j}[(\hat{\boldsymbol{x}}_i-\hat{\boldsymbol{x}}_j)^{\mathrm{T}}\boldsymbol{M}(\hat{\boldsymbol{x}}_i-\hat{\boldsymbol{x}}_j)]\\
&=\iint \hat{\boldsymbol{x}}_i^{\mathrm{T}}\boldsymbol{M}\hat{\boldsymbol{x}}_i+\hat{\boldsymbol{x}}_j^{\mathrm{T}}\boldsymbol{M}\hat{\boldsymbol{x}}_j-2\hat{\boldsymbol{x}}_j^{\mathrm{T}}\boldsymbol{M}\hat{\boldsymbol{x}}_i p(\hat{\boldsymbol{x}}_i)p(\hat{\boldsymbol{x}}_j)\,\mathrm{d}\hat{\boldsymbol{x}}_i\mathrm{d}\hat{\boldsymbol{x}}_j\\
&=\mathbb{E}_{\hat{\boldsymbol{x}}_i}[\hat{\boldsymbol{x}}_i^{\mathrm{T}}\boldsymbol{M}\hat{\boldsymbol{x}}_i]+\mathbb{E}_{\hat{\boldsymbol{x}}_j}[\hat{\boldsymbol{x}}_j^{\mathrm{T}}\boldsymbol{M}\hat{\boldsymbol{x}}_j]-2\mathbb{E}_{\hat{\boldsymbol{x}}_i}[\hat{\boldsymbol{x}}_i]^{\mathrm{T}}\boldsymbol{M}\mathbb{E}_{\boldsymbol{x}_j}[\hat{\boldsymbol{x}}_j]
\end{aligned}\tag{6.2}
$$

式（6.2）中最后一步的推导源于样例 $\boldsymbol{x}_i$ 和 $\boldsymbol{x}_j$ 的独立假设。对样例噪声引入通用的零均值假设，即 $\mathbb{E}_{\hat{\boldsymbol{x}}_i}[\hat{\boldsymbol{x}}_i]=\boldsymbol{x}_i$，上述期望距离可以被进一步简化为

$$
\begin{aligned}
&\mathbb{E}_{\hat{\boldsymbol{x}}_i,\hat{\boldsymbol{x}}_j}[\mathrm{Dis}_{\boldsymbol{M}}^2(\hat{\boldsymbol{x}}_i,\hat{\boldsymbol{x}}_j)]\\
&=\mathrm{Dis}_{M}^2(\boldsymbol{x}_i,\boldsymbol{x}_j)+\langle M,\mathrm{cov}[\boldsymbol{x}_i]+\mathrm{cov}[\boldsymbol{x}_j]\rangle
\end{aligned}\tag{6.3}
$$

$\mathrm{Cov}[\boldsymbol{x}_i] \in S_d^+$ 是分布 $p(\boldsymbol{x}_i)$ 的协方差矩阵。因此，两个样例之间期望的马氏距离和原始马氏距离相比增加了协方差项。更进一步地，可以通过在期望距离中引入一个抽样于分布 $p(\boldsymbol{\epsilon})$ 中的无偏的随机变量 $\boldsymbol{\epsilon} \in \mathbb{R}^d$，结合式（6.3）对样例的扰动直接建模。因此，从分布 $p(\boldsymbol{x}_i)$ 和 $p(\boldsymbol{x}_j)$ 中抽样任意两个扰动之后的样例之间的距离可以表示为 $\hat{\boldsymbol{x}}_i - \hat{\boldsymbol{x}}_j = \boldsymbol{x}_i - \boldsymbol{x}_j + \boldsymbol{\epsilon}$。这种针对距离的扰动也考虑了样本上变化，正如如下公式所反映的：

$$\mathbb{E}_{\hat{\boldsymbol{x}},\hat{\boldsymbol{y}}}[\mathrm{Dis}_{\boldsymbol{M}}^2(\hat{\boldsymbol{x}},\hat{\boldsymbol{y}})] = \mathrm{Dis}_{\boldsymbol{M}}^2(\boldsymbol{x},\boldsymbol{y}) + \mathbb{E}_{\boldsymbol{\epsilon}}[\boldsymbol{\epsilon}^\top \boldsymbol{M}\boldsymbol{\epsilon}] \tag{6.4}$$

由于矩阵 $\boldsymbol{M}$ 是半正定的，因此式（6.4）的最后一项是半正定矩阵的二次型形式，无论扰动 $\boldsymbol{\epsilon}$ 如何取值，都是非负的。因此式（6.4）中的期望距离具有扩张性，即和原始马氏距离相比，考虑样本扰动的期望马氏距离会增大。在 Drift 方法中，本书将这种期望的马氏距离引入度量学习，同时学习度量矩阵和样本扰动分布。

给定某个三元组 $\{\boldsymbol{x}_i, \boldsymbol{x}_j, \boldsymbol{x}_l\} \sim \mathcal{T}$，度量矩阵 $\boldsymbol{M}$ 的目标是使 $\boldsymbol{x}_i$ 与相异样例 $\boldsymbol{x}_l$ 之间的距离比和近邻样例 $\boldsymbol{x}_j$ 之间的距离要大并且保持一个间隔。考虑到期望距离的扩张性，对于不相似的样本之间考虑这种期望距离没有效果。同时结合文献［62］中的发现，近邻样本的选择对度量学习的影响更大，因此本书只考虑对近邻样本使用这种期望距离，而对于不相似的样本对之间还使用原始的距离度量。综上，本书提出的利用扰动辅助的 Drift 目标函数为

$$\min_{M,p} \frac{1}{2}\|M\|_F^2+\lambda_1 \sum_{i=1}^{N} \mathrm{KL}(p_i(\boldsymbol{\epsilon})\|p_0(\boldsymbol{\epsilon})) + \lambda_2 \sum_{(i,j,l)\sim \mathcal{T}} \xi_{ijl}$$

$$\text{s.t. } \forall (i,j,l)\sim \mathcal{T}, \mathrm{Dis}_M^2(\boldsymbol{x}_i,\boldsymbol{x}_l)-\mathbb{E}[\mathrm{Dis}_M^2(\boldsymbol{x}_i,\hat{\boldsymbol{x}}_j)]$$

$$\geqslant 1-\xi_{ijl},\xi_{ijl}\geqslant 0,\boldsymbol{M}\in\mathcal{S}_d^+,\forall i,p_i(\boldsymbol{\epsilon})\in\mathfrak{P} \tag{6.5}$$

目标函数的第 1 部分是针对度量矩阵 $\boldsymbol{M}$ 的 F 范数正则项，而第 2 部分是一个针对扰动分布的正则。具体而言，该分布正则利用 KL 散度约束学到的扰动分布 $p_i(\boldsymbol{\epsilon})$ 和指定的先验分布 $p_0(\boldsymbol{\epsilon})$ 保持接近。在一般的情况下[154]，大多选择零均值的多元高斯分布作为这种先验，即 $p_0\sim\mathcal{N}(0,\boldsymbol{\Sigma}_0)$，并且该先验满足无偏假设。值得注意的是在式（6.5）中，并没有限制扰动分布 $p_i(\boldsymbol{\epsilon})$ 的形式，而仅仅通过约束条件，要求这是一个有效的分布。由于每个样例的分布各不相同，因此，在计算某样例和其他不同样例之间的距离时，该样例对距离计算的影响也会不同，这充分考虑了样例的局部特性。目标函数中的第 3 部分是最小化大间隔损失。每一个样本和其相异样本之间的距离要比和其相似样本之间的期望距离更大，并且要保持一个间隔。

本书的解决方案通过优化其邻域周围的目标近邻样例 $\boldsymbol{x}_j$ 以找到最佳干扰分布，即只有目标近邻 $\hat{\boldsymbol{x}}_j=\boldsymbol{x}_j+\boldsymbol{\epsilon},\boldsymbol{\epsilon}\sim p_j(\boldsymbol{\epsilon})$ 被扰动。这种简化得到的结果与考虑样例差异扰动的分布相同。由于大多数现有的距离度量学习方法使用欧氏距离最近邻居作为目标近邻[42]，目标近邻的扰动减轻了初始目标选择的问题，并且也使目标近邻与其他近邻具有正确的距离关系。此外，学习噪声分布的参数可以被视为测量目标近邻的扰动限度。容易满足约束的样本对可以在一定程度上容忍更多的扰动，并且可以针对某个特定的样例扩展相似样本的范围，如图6.1所示。这些样本对在训练中吸引了更多的权重，达到辅助信息样本对选择的目的，可以获得鲁棒的距离度量。

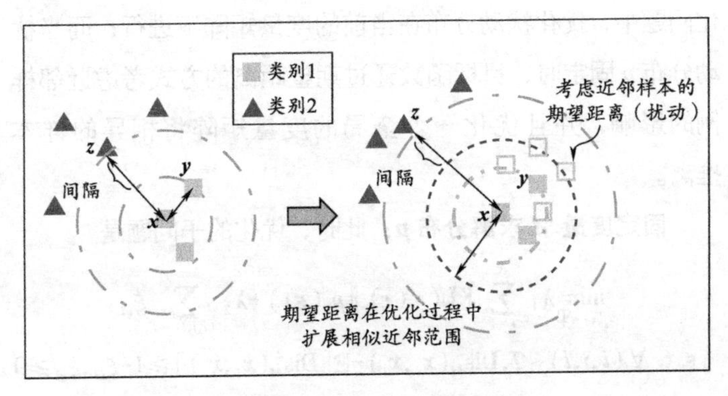

图6.1 DRIFT 算法图示

注：左图显示了优化度量的大间隔要求：某样例与相异样例之间的距离应大于和相似样例之间的距离，并且需要保持一个较大的间隔。右图显示了本书考虑目标近邻的分布/扰动的情况：对于某些样例，算法会根据样例的性质扩张相似样例的范围（近邻范围）。空心方块表示受到扰动的目标邻居样本。

6.3.2 DRIFT 的优化方法

将约束写成损失函数的形式，则 DRIFT 方法的目标函数可以变化为

$$\min_{M\in\mathcal{S}_d^+,p_i\in\mathfrak{P}}\frac{1}{2}\|M\|_F^2+\lambda_1\sum_{i=1}^{N}\mathrm{KL}(p_i(\boldsymbol{\epsilon})\|p_0(\boldsymbol{\epsilon}))+$$

$$\lambda_2\sum_{(i,j,l)\sim\mathcal{T}}\ell(\mathrm{Dis}_M^2(\boldsymbol{x}_i,\boldsymbol{x}_l)-\mathbb{E}[\mathrm{Dis}_M^2(\boldsymbol{x}_i,\hat{\boldsymbol{x}}_j)])\tag{6.6}$$

其中 $\ell(x)=[1-x]_+$是铰链损失函数。目标函数中，马氏距离和扰动分布通过交替的方法进行优化。当 $\boldsymbol{M}$ 固定时，目标函数中第 3 项是一个关于分布 p_i 的线性优化问题，在这个子优化问题中，优化扰动分布在当前的度量矩阵下进行；而当扰动分布 p 固定时，目标函数通过期望距离的方式考虑近邻样例的影响，并且优化一个全局的度量矩阵将相异的样本推离。

固定度量 $\boldsymbol{M}$ 求解分布 $\boldsymbol{p}$：此时，优化的子问题是

$$\min_{p_i(\epsilon)\in\mathfrak{P}}\lambda_1\sum_{i=1}^{N}\mathrm{KL}(p_i(\boldsymbol{\epsilon})\|p_0(\boldsymbol{\epsilon}))+\lambda_2\sum_{(i,j,l)\sim\mathcal{T}}\xi_{ijl}$$

$$\text{s. t. }\forall(i,j,l)\sim\mathcal{T},\mathrm{Dis}_M^2(\boldsymbol{x}_i,\boldsymbol{x}_l)-\mathbb{E}[\mathrm{Dis}_M^2(\boldsymbol{x}_i,\hat{\boldsymbol{x}}_j)]\geqslant1-\xi_{ijl},\xi_{ijl}\geqslant0\tag{6.7}$$

考虑到 KL 散度的凸性，可以从对偶的角度优化式（6.7）。引入非负拉格朗日乘子 $\boldsymbol{\alpha}=\{\alpha_{ijl}\}$ 和$\boldsymbol{\beta}=\{\beta_{ijl}\}$，对偶问题可以写为

$$\max_{\alpha,\beta}\min_{p_i,\xi_{ijl}}\lambda_1\sum_{i=1}^{N}\mathrm{KL}(p_i(\boldsymbol{\epsilon})\|p_0(\boldsymbol{\epsilon}))+\lambda_2\sum_{(i,j,l)\sim\mathcal{T}}\xi_{ijl}-$$

$$\sum_{(i,j,l)\sim\mathcal{T}}\beta_{ijl}\xi_{ijl}-\sum_{(i,j,l)\sim\mathcal{T}}\alpha_{ijl}(c_{ijl}-\mathbb{E}_{p_j}[\boldsymbol{\epsilon}^\top\boldsymbol{M}\boldsymbol{\epsilon}]-1+\xi_{ijl})$$

$$\text{s. t. }\forall i,p_i(\boldsymbol{\epsilon})\in\mathfrak{P},\forall(i,j,l)\sim\mathcal{T},\alpha_{ijl}\geqslant0,\beta_{ijl}\geqslant0\tag{6.8}$$

其中，$c_{ijl}=\mathrm{Dis}_M^2(\boldsymbol{x}_i,\boldsymbol{x}_l)-\mathrm{Dis}_M^2(\boldsymbol{x}_i,\boldsymbol{x}_j)=\langle\boldsymbol{M},\boldsymbol{A}_{ijl}\rangle$ 是基于度量

矩阵 $\boldsymbol{M}$ 下某样本和相异样例、相似近邻之间马氏距离之差，且 $\boldsymbol{A}_{ijl}=(\boldsymbol{x}_i,\boldsymbol{x}_l)(\boldsymbol{x}_i,\boldsymbol{x}_l)^{\mathrm{T}}-(\boldsymbol{x}_i,\boldsymbol{x}_j)(\boldsymbol{x}_i,\boldsymbol{x}_j)^{\mathrm{T}}$。式（6.8）中的期望 $\mathbb{E}_{p_j}[\cdot]$ 针对施加于样例 $\boldsymbol{x}_j$ 上所有可能的分布。对式（6.8）利用 KKT 条件[162] 之后，可以得到 $\boldsymbol{\lambda}_2-\alpha_{ijl}-\beta_{ijl}=0$，因此 $0\leqslant\alpha_{ijl}\leqslant\boldsymbol{\lambda}_2$。对分布 p_i（$\boldsymbol{\epsilon}$）进行求导，可以得到

$$p_i(\boldsymbol{\epsilon}) \propto \exp\left(-\frac{1}{2}\boldsymbol{\epsilon}^{\mathrm{T}}\left(\boldsymbol{\Sigma}_0^{-1}+\frac{2}{\boldsymbol{\lambda}_1}\sum_{(i,j,l)\sim\mathcal{T}}\boldsymbol{I}_j\alpha_{ijl}\boldsymbol{M}\right)\boldsymbol{\epsilon}\right) \tag{6.9}$$

$I_j=I_j(\boldsymbol{x}_i)$ 表示该三元组中近邻 j 的扰动分布是否隶属于样例 $\boldsymbol{x}_i$。由于 p_i 是一个有效的分布，可以通过其未归一化的指数形式获得其归一化参数，此处可以得出该扰动分布是一个多元高斯分布。定义

$$\boldsymbol{\Sigma}_i^{-1}=\boldsymbol{\Sigma}_0^{-1}+\frac{2}{\boldsymbol{\lambda}_1}\sum_{(i,j,l)\in\mathcal{T}}\boldsymbol{I}_j\alpha_{ijl}\boldsymbol{M} \tag{6.10}$$

其中 $p_i(\boldsymbol{\epsilon})\sim\mathcal{N}(0,\boldsymbol{\Sigma}_i)$。因为 $\boldsymbol{M}$ 是半正定矩阵，更新的协方差矩阵也是半正定的，满足正态分布的要求。值得注意的是，不同样例的扰动分布在对偶变量的组合方式上存在差异。基于补充松弛（Complementary Slackness）条件，如果在期望距离内保留较大的间隔，则 α_{ijl} 的值应该为 0，那么扰动分布将接近先验。否则，扰动分布将适应当前度量，以便改变不同约束的权重。

代入分布后，能够将对偶问题转换为针对变量 $\boldsymbol{\alpha}$ 的优化问题，并记该目标函数为 f_1：

$$\max_{\alpha} f_1(\alpha)=\frac{\boldsymbol{\lambda}_1}{2}\sum_{i=1}^{N}\log\det(\boldsymbol{\Sigma}_i^{-1})+\sum_{(i,j,l)\sim\mathcal{T}}\alpha_{ijl}(1-c_{ijl})$$

$$\text{s.t. } 0 \leqslant \alpha_{ijl} \leqslant \lambda_2 \tag{6.11}$$

由于函数 log det(·) 是平滑并且凹的，因此可以使用加速近端梯度上升方法[131-132] 对该子问题进行优化。针对变量 α_{ijl} 的梯度具体如下：

$$\frac{\delta f_1}{\partial \alpha_{ijl}} = \sum_{i=1}^{N} \boldsymbol{I}_j \mathrm{Tr}\left(\left(\boldsymbol{\Sigma}_0^{-1} + \frac{2}{\boldsymbol{\lambda}_1} \sum_{(i,j,l) \sim \mathcal{T}}^{T} \boldsymbol{I}_j \alpha_{ijl} \boldsymbol{M}\right)^{-1} \boldsymbol{M}\right) + (1 - c_{ijl}) \tag{6.12}$$

尽管在式（6.12）中有矩阵求逆操作，但后文提出了一种简化方法。

固定分布 p 优化度量 M： 此时，关于度量矩阵 $\boldsymbol{M}$ 的自问题转化为

$$\min_{\boldsymbol{M} \in \mathcal{S}_D^+} \frac{1}{2} \|\boldsymbol{M}\|_F^2 + \lambda_2 \sum_{(i,j,l) \sim \mathcal{T}} \ell(\mathrm{Dis}_{\boldsymbol{M}}^2(\boldsymbol{x}_i, \boldsymbol{x}_l) - \mathbb{E}[\mathrm{Dis}_{\boldsymbol{M}}^2(\boldsymbol{x}_i, \hat{\boldsymbol{x}}_j)]) \tag{6.13}$$

由于铰链损失是非平滑的，直接使用次梯度优化会有较慢的收敛率[133]，同时考虑到第 3 章中对平滑函数优势的分析，因此本书使用一种平滑的替代损失函数来对度量矩阵 $\boldsymbol{M}$ 的优化进行加速：

$$\ell_s(x) = \frac{1}{\mathfrak{L}} \log(1 + \exp(-\mathfrak{L}(x-1))) \tag{6.14}$$

式（6.14）中的参数 $\mathfrak{L}$ 越大，则 $\ell_s(x)$ 越接近原始的铰链损失[79,163]。通过这种平滑损失，上述子问题关于 $\boldsymbol{M}$ 是凸且平滑的，也可以通过加速投影梯度下降法进行优化。

式（6.9）中给定当前学到的扰动分布 p_i，可以计算在该分布下，样例之间期望距离的闭式解。对于三元组 $\{\boldsymbol{x}_i, \boldsymbol{x}_j, \boldsymbol{x}_l\}$，期望项是

$$\mathbb{E}_{p_j}[\boldsymbol{\epsilon}^{\top}\boldsymbol{M}\boldsymbol{\epsilon}]=\langle\mathbb{E}_{p_j}[\boldsymbol{\epsilon}\boldsymbol{\epsilon}^{\top}],\boldsymbol{M}\rangle=\langle\boldsymbol{\Sigma}_j,\boldsymbol{M}\rangle \tag{6.15}$$

协方差矩阵 $\boldsymbol{\Sigma}_j$ 对应三元组中的目标近邻 j，可以使用学到的 $\boldsymbol{\alpha}$ 进行估计。若将使用平滑损失的关于 $\boldsymbol{M}$ 的目标函数记为 f_2，则可以获得 $\boldsymbol{M}$ 的梯度：

$$\frac{\partial f_2}{\partial \boldsymbol{M}}=\boldsymbol{M}+\lambda_2\sum_{(i,j,l)\sim\mathcal{T}}\ell_s'(a_{ijl})(\boldsymbol{A}_{ijl}-\sum_{i=1}^{N}\boldsymbol{I}_j\boldsymbol{\Sigma}_i) \tag{6.16}$$

其中 $a_{ijl}=\mathrm{Dis}_{\boldsymbol{M}}^2(\boldsymbol{x}_i,\boldsymbol{x}_l)-\mathrm{Dis}_{\boldsymbol{M}}^2(\boldsymbol{x}_i,\boldsymbol{x}_j)-\mathbb{E}_{p_j}[\boldsymbol{\epsilon}^{\mathrm{T}}\boldsymbol{M}\boldsymbol{\epsilon}]$ 是输入的距离值。

$$\ell_s'(a_{ijl})=\frac{1}{1+\exp(-\mathfrak{L}(a_{ijl}-1))}-1 \tag{6.17}$$

是平滑铰链损失函数 ℓ_s 的导数。

6.3.3 Drift 算法的优化加速

由于在优化过程中要保证度量矩阵 $\boldsymbol{M}$ 是半正定的，因此每一次梯度下降之后，需要对 $\boldsymbol{M}$ 进行投影，即对 $\boldsymbol{M}$ 做特征值分解 $\boldsymbol{M}=\boldsymbol{U}\boldsymbol{\Lambda}\boldsymbol{U}^{\top}$。这一操作也可以对 $\boldsymbol{\alpha}$ 的优化进行加速。由于 $\boldsymbol{M}$ 是对称的，其特征向量 $\boldsymbol{U}$ 为正交矩阵，且 $\boldsymbol{\Lambda}=\mathrm{diag}(\boldsymbol{\Lambda}_1,\boldsymbol{\Lambda}_2,\cdots,\boldsymbol{\Lambda}_d)$ 为对角矩阵。在下文的讨论中，假设协方差矩阵的先验 $\Sigma_0=\lambda\boldsymbol{I}$。

在求解扰动分布时，为获得对偶问题式（6.11）的目标

函数值，需要计算：

$$\mathcal{O}_1 = \log\det\left(\boldsymbol{\Sigma}_0^{-1} + \frac{2}{\lambda_1}\sum_{(i,j,l)\sim T} \boldsymbol{I}_j \alpha_{ijl} \boldsymbol{M}\right) \tag{6.18}$$

而矩阵的行列式等于其特征值的乘积，因此 $\mathcal{O}_1 = \sum_{d'=1}^{d} \log\left(\frac{1}{\lambda}+q_{ijl}\boldsymbol{\Lambda}_{d'}\right)$ 且 $q_{ijl} = \frac{2}{\lambda_1}\sum_{(i,j,l)\sim T} \boldsymbol{I}_j \boldsymbol{\alpha}_t$ 是每一个样例累积的参数。所以式（6.11）中对矩阵的运算转换为标量运算。

计算关于 $\boldsymbol{\alpha}_{ijl}$ 的梯度需要获得 $\mathcal{O}_2=\mathrm{Tr}((\boldsymbol{\Sigma}_0^{-1}+q_{ijl}\boldsymbol{M})^{-1}\boldsymbol{M})$。直接包含矩阵迹的项需要计算 $d\times d$ 矩阵的逆和乘积。考虑到直接计算较大的计算代价，此处将目标函数 $\mathcal{O}_2$ 转换为

$$\mathcal{O}_2=\mathrm{Tr}((\boldsymbol{\Sigma}_0^{-1}+q_{ijl}\boldsymbol{M})^{-1}\boldsymbol{M}) = \mathrm{Tr}\left(\frac{1}{q_{ijl}}\left(\frac{1}{q_{ijl}}\boldsymbol{\Sigma}_o^{-1}+\boldsymbol{M}\right)^{-1}\boldsymbol{M}\right) \tag{6.19}$$

$$=\frac{1}{q_{ijl}}\mathrm{Tr}\left(\left(\boldsymbol{I}+\frac{1}{q_{ijl}}\boldsymbol{\Sigma}_0^{-1}\boldsymbol{M}^{-1}\right)^{-1}\right) = \sum_{d'=1}^{d}\frac{1}{q_{ijl}+\frac{1}{\lambda\boldsymbol{\Lambda}_{d'}}} \tag{6.20}$$

最后的等式是因为矩阵的迹等于矩阵所有特征值之和。因此，这里将关于分布 $\boldsymbol{\alpha}$ 的优化代价大幅减小，只涉及一组标量的优化。

当分布 p 已知时，需要获得 $\boldsymbol{\Sigma}_i=(\boldsymbol{\Sigma}_0^{-1}+q_{ijl}\boldsymbol{M})^{-1}$ 来计算关于度量 $\boldsymbol{M}$ 的梯度。可将协方差矩阵写为

$$\boldsymbol{\Sigma}_i=\left(\boldsymbol{U}\left(\mathrm{diag}\left(\frac{1}{\lambda}\right)+q_{ijl}D\right)\boldsymbol{U}^{\top}\right)^{-1}=\boldsymbol{U}\mathrm{diag}\left(\frac{\lambda}{1+q_{ijl}\boldsymbol{\Lambda}_d\lambda}\right)\boldsymbol{U}^{\mathrm{T}}$$

这种方法避免了求逆运算。

当遇到大规模数据集时，三元组的数量会增加，并且很难在每一次计算关于 $\boldsymbol{M}$ 的梯度中枚举所有可能的三元组。随机梯度下降是一种可能的解决方案，可以用来减少子问题中梯度的计算负担[79]。这种情况可以考虑期望距离产生损失的上界，其中样例的扰动可以无缝地嵌入关于度量的随机梯度中。对于某个三元组，可以使用 Jensen 不等式

$$\begin{aligned}
&\ell(\mathrm{Dis}_{\boldsymbol{M}}^2(\boldsymbol{x}_i,\boldsymbol{x}_l)-\mathbb{E}[\mathrm{Dis}_{\boldsymbol{M}}^2(\boldsymbol{x}_i,\hat{\boldsymbol{x}}_j)])\\
&=[1-\mathrm{Dis}_{\boldsymbol{M}}^2(\boldsymbol{x}_i,\boldsymbol{x}_l)+\mathbb{E}[\mathrm{Dis}_{\boldsymbol{M}}^2(\boldsymbol{x}_i,\hat{\boldsymbol{x}}_j)]]_+\\
&\leqslant\mathbb{E}([1-\mathrm{Dis}_{\boldsymbol{M}}^2(\boldsymbol{x}_i,\boldsymbol{x}_l)+\mathrm{Dis}_{\boldsymbol{M}}^2(\boldsymbol{x}_i,\hat{\boldsymbol{x}}_j)]_+)
\end{aligned}\tag{6.21}$$

因此可以优化关于 $\boldsymbol{M}$ 的上界：

$$\min_{\boldsymbol{M}}\frac{1}{2}\|\boldsymbol{M}\|_F^2+\frac{\lambda_2}{T}\sum_{(i,j,l)\in\mathcal{T}}\mathbb{E}_{p_j}[[1-\mathrm{Dis}_{\boldsymbol{M}}^2(\boldsymbol{x}_i,\boldsymbol{x}_l)+\mathrm{Dis}_{\boldsymbol{M}}^2(\boldsymbol{x}_i,\hat{\boldsymbol{x}}_j)]_+]\tag{6.22}$$

其中无偏梯度可以首先通过随机选择三元组，用其已知的扰动分布产生样本扰动并施加于目标近邻进行估计。

6.4 实验验证

本节验证了 DRIFT 算法的有效性，首先在人造数据上展示了 DRIFT 的可解释性，然后在真实数据集上将 DRIFT 与最新度量学习方法进行比较，最后展示了 DRIFT 应用于开放动态环境的能力，即其鲁棒性。

6.4.1 人造数据集上的可视化实验

我们首先在 2 维人造数据集上展示 DRIFT 的性质。人造数据集中共有 600 个样例，包含 2 个类别。第一类分布在两个不同的区域，如图 6.2a 所示。实验中将 DRIFT 先验的参数设置为 0.01。仅使用单个度量，DRIFT 将相同的类别样例聚集在一起，如图 6.2b 所示。图 6.2c 显示原始空间中对偶变

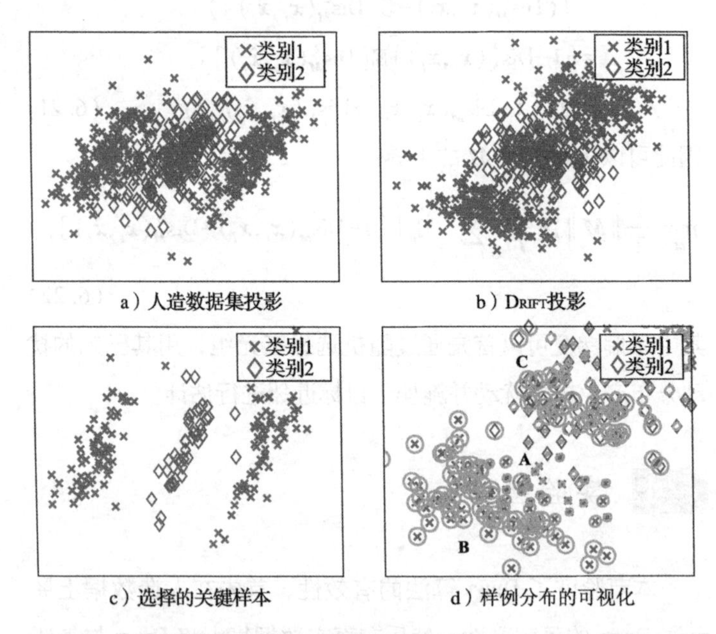

图 6.2 在人造数据上 DRIFT 属性的可视化。a）~d）分别显示原始空间中的样例（人造数据集投影）、投影样例、选定的关键样本和学习到的样例分布（对于左下区域的样例）

量值为 0 的样例。由于在式（6.9）中，如果与特定样例相关的对偶变量之和大于 0，则表示识别出辅助信息中较难的约束，并且样例扰动的协方差矩阵将收缩，因此，可以使用对偶变量 α_{ijl} 在一定程度上反映辅助信息的可靠性，找出数据的真实结构，即关键的样本。图中也可视化了样例的扰动分布。图 6.2d 中椭圆的大小与它们的协方差成比例。椭圆越大，相应样例可以漂移的位置范围越广。区域“B”和区域“C”的样例具有较大的邻域范围，可以满足关联辅助信息并同时扩大类边界的需求。由于类边界附近的样例（区域“A”）很难处理，因此与之前的样例相比，当它们被选为目标近邻时，它们与其他样例的期望距离较小，对其相关约束仅施加较小的权重。

6.4.2 实际数据集上的算法性能比较

为了测试 DRIFT 学习度量的分类能力，我们将提出的 DRIFT 算法与主流的度量学习方法在 15 个真实数据集上进行比较，在每一个数据集上都进行了 30 次划分并测试。每次实验都是随机选择 70%的数据作为训练数据，其余的用于测试。对于每一个方法的参数都在 $\{10^{-2},10^{-1},\cdots,10^{2}\}$ 的范围中选择。

实验主要比较了 3 种不同类型的度量学习方法，首先是主流的全局度量学习方法，即 LMNN[41]、ITML[37] 和 RVML[80]；第 2 组方法在训练过程中对辅助信息进行加权或选择，具体有 MsLmnn[42]、Lnml[62] 和 Msml[24]；最后 2 种方法考虑距离计算中的噪声和分布，包括 SgdD[59] 和 Mpme[154]。学习到度量之后，我们使用 3 近邻方法验证度量的有效性。欧氏距离的结果表示为 Euclid。对于本文提出的 Drift 方法，我们同时测评直接优化与使用随机梯度进行优化两种方法的结果，分别表示为 Drift_B 和 Drift_S，其中“B”表示 Batch 而“S”表示 Stochastic。在实现中，将度量矩阵 $\boldsymbol{M}=\boldsymbol{I}$ 和对偶变量 $\boldsymbol{\alpha}$ 初始化为 0 向量。三元组的初始化方式与 Lmnn 相同。

表 6.1 中列出了所有方法的平均测试错误。从结果中可以发现，使用学习度量可以改善 kNN 的分类结果，这表明度量学习的必要性和有效性。另外，考虑所提供的辅助信息的可靠性的方法可以给出更好的结果。例如，三元组选择方法 Lnml 比非选择方法 Lmnn 获得更好的结果。虽然 Mpme 考虑了训练过程中的样例分布，但它只使用欧式距离作为学习指导，因此当欧式距离不合适时，Mpme 表现不佳。本书的 Drift 方法可以在 15 个数据集中的 9 个上表现最佳。由于它考虑了样例干扰，因此它在训练期间可以识别并利用有用的辅助信息约束。与 Lnml 相比，它可以提供更好的结果。Drift 的有效性也可以通过与其他方法的 t-检验结果比较来验证。

表 6.1　基于 3 近邻不同度量学习方法分类性能（测试误差的均值和标准差）的比较

	DRIFT$_B$	DRIFT$_S$	LMNN	ITML	RVML	LNML	MsLMNN	MSML	MPME	SGDD	EUCLID
australia	**.150±.022**	.174±.028	.174±.020	.175±.021	.157±.020	.155±.023	.173±.028	.162±.020	.249±.025	.233±.073	.217±.026
autompg	**.239±.032**	.255±.035	.259±.037	.266±.032	.294±.027	.262±.040	.243±.033	.334±.058	.295±.028	.276±.052	.260±.036
balance	**.068±.021**	.095±.028	.146±.028	.093±.022	.106±.021	.099±.016	.075±.017	.469±.105	.201±.016	.139±.026	.188±.022
credita	.160±.022	.181±.027	.184±.023	.178±.024	.162±.031	**.159±.019**	.179±.022	.167±.022	.251±.021	.205±.042	.232±.021
german	.278±.026	.281±.021	.292±.021	.295±.021	.280±.020	.284±.020	.297±.019	**.275±.018**	.317±.018	.299±.000	.296±.021
haberma	**.293±.031**	**.292±.034**	.300±.030	.311±.033	.316±.029	.316±.032	.296±.033	.316±.030	.314±.035	.608±.128	.304±.029
hayes-r	**.270±.051**	.278±.049	.314±.072	.315±.063	.330±.048	.275±.046	.278±.058	.397±.059	.373±.079	.421±.088	.398±.046
heart	.191±.026	.194±.027	.200±.031	**.187±.032**	.193±.036	.194±.042	.199±.036	.230±.045	.202±.031	.209±.046	.190±.034
heart-s	**.184±.030**	.190±.032	.195±.026	.187±.030	.193±.033	**.184±.036**	.207±.039	.233±.057	.219±.035	.212±.042	.188±.030

（续）

	DRIFT_B	DRIFT_S	LMNN	ITML	RVML	LNML	MSLMNN	MSML	MPME	SGDD	EUCLID
house-v	**.057±.017**	.065±.019	.060±.017	.058±.019	.069±.016	**.057±.020**	.066±.018	.058±.022	.063±.018	.064±.022	.083±.025
Live-di	.370±.042	.373±.038	.373±.045	.391±.052	.386±.040	.371±.043	.382±.044	.424±.043	.455±.048	**.368±.049**	.384±.040
promote	.106±.057	.136±.077	**.105±.037**	.147±.063	.121±.043	.107±.047	.122±.041	.107±.046	.375±.044	.169±.073	.249±.063
segment	**.032±.007**	.035±.007	.039±.006	.035±.006	.035±.006	**.032±.006**	.033±.007	.051±.011	.106±.008	.103±.056	.050±.007
sick	.030±.003	.031±.003	.031±.003	.038±.004	.050±.005	**.029±.005**	**.029±.004**	.033±.004	.048±.004	.083±.045	.038±.004
sonar	.141±.035	**.137±.042**	.145±.032	.170±.035	.236±.056	.160±.038	.203±.045	.200±.050	.183±.047	.162±.056	.168±.036
W/T/L	DRIFT_B vs. others		8/7/0	12/3/0	8/7/0	4/11/0	6/9/0	11/4/0	14/1/0	14/1/0	13/2/0
W/T/L	DRIFT_S vs. others		4/9/2	6/8/1	5/8/2	2/8/5	3/10/2	10/1/4	13/2/0	12/3/0	11/4/0

注：DRIFT_B 和 DRIFT_S 列在所有方法的开始两列中；最后两行展示了 $\text{DRIFT}_{B/S}$ 相比其他方法基于95%置信度的 t 检验结果。

6.4.3 算法的鲁棒性测试

为评估 Drift 方法是否能有效地应对开放环境，本小节考察算法在获得的特征（模型输入层面）和相关关系（模型输出层面）受到扰动时的表现。

首先考察度量学习算法获取的样本关联关系（三元组）的扰动。本小节实验的训练、测试集的划分方法和上一小节相同，并利用同样的方法调参。在三元组 $\{\boldsymbol{x}_i,\boldsymbol{x}_j,\boldsymbol{x}_l\}$ 中，每一个样本有 3 个目标近邻和 10 个基于欧氏距离选出的相异样本。通过对其中随机选择的 20% 的三元组中 $\boldsymbol{x}_j$ 和 $\boldsymbol{x}_l$ 的位置进行交换模拟出存在噪声的开放环境。因此，在度量学习算法的训练过程中，部分三元组提供了错误的关联关系。

本节将非随机求解的 Drift 方法与 Lmnn、MsLmnn 和 Lnml 这几种利用三元组学习度量的方法进行比较。对于多阶段方法 MsLmnn，其每利用当前的度量生成一次三元组关联辅助信息，就对新生成的三元组也进行一次相同的扰动。4 个数据集上的比较方法的结果列于图 6.3 中。欧氏距离的结果也进行了比较。由于受到干扰的关联辅助信息不会影响 kNN，因此当样本之间关联辅助信息被扰动之后，欧氏距离通常可以获得比其他更好的结果。在图 6.3 中可以清楚地看到，损坏的辅助信息对度量学习过程有巨大影响。Lmnn 和 MsLmnn 由于利用了错误的三元组指导信息，它们的结果都比欧氏距离的效果更差，即学习了一个受到干扰的度量。Lnml 可以缓解辅助信息的扰动变化，但 Drift 在此过程中几乎不受有噪声的辅助信息的影响，甚至可以训练一个更好的度量。因此 DRIFT 会针对样本的扰动考虑不同类型的辅助信息，甚至提升在标记空间（样本间关联关系）上的鲁棒性。

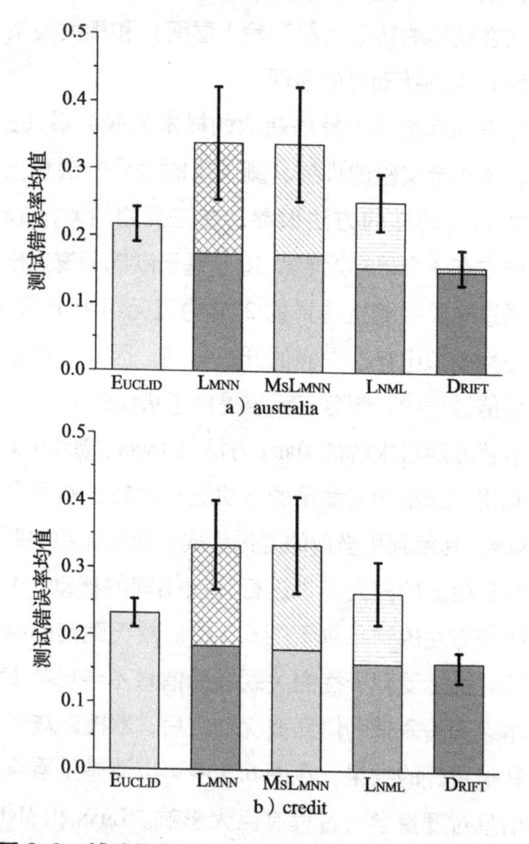

图 6.3 辅助信息包含噪声的条件下算法性能的评测

注：无噪声数据集的结果用纯色填充，并且使用阴影表示当包含有噪声的辅助信息时噪声对训练时错误率的增加。图中的误差条（errorbar）表示在辅助信息受干扰的数据集上 30 次实验中的标准差。

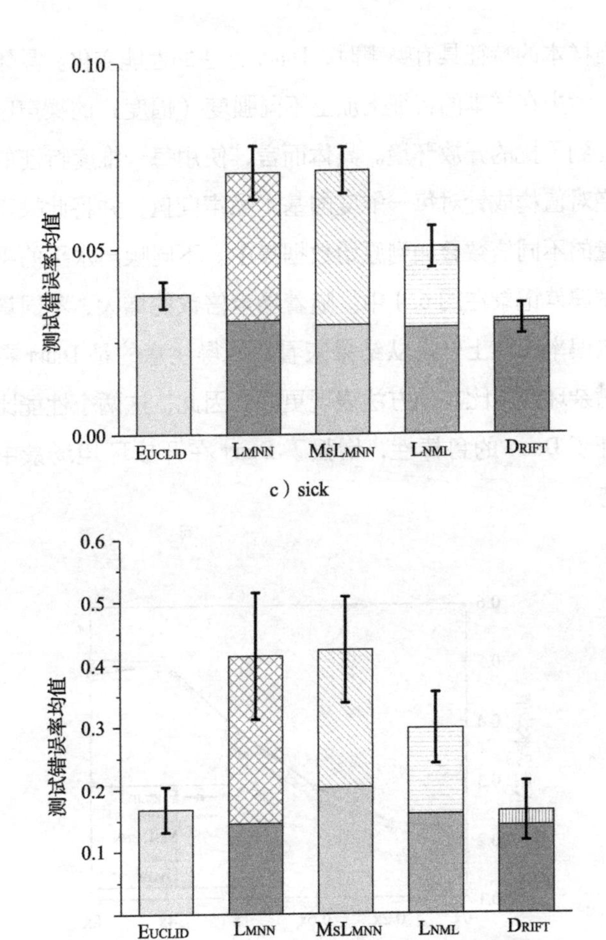

c）sick

d）sonar

图 6.3　辅助信息包含噪声的条件下算法性能的评测（续）

除了已有部分方法也考虑的关联关系扰动，本节也研究了当样本的特征具有噪声时，Drift 方法的性能变化。具体而言，考虑在样本的特征上加上不同强度（幅度）的噪声以模拟受到干扰的开放环境。具体而言，使用每一维度特征的最大绝对值构成针对每一维度的基本噪声向量，并将此噪声基向量的不同倍数叠加到原始数据集中。不同噪声水平的平均测试误差记录在图 6.4 中。随着噪声倍数的增大，不同算法的错误率都在上升。从结果来看，值得注意的是 Drift 在各种嘈杂环境下比其他方法表现更好。因此，这两个性能比较验证了 Drift 的鲁棒性，增强了 Drift 在开放环境场景中的优势。

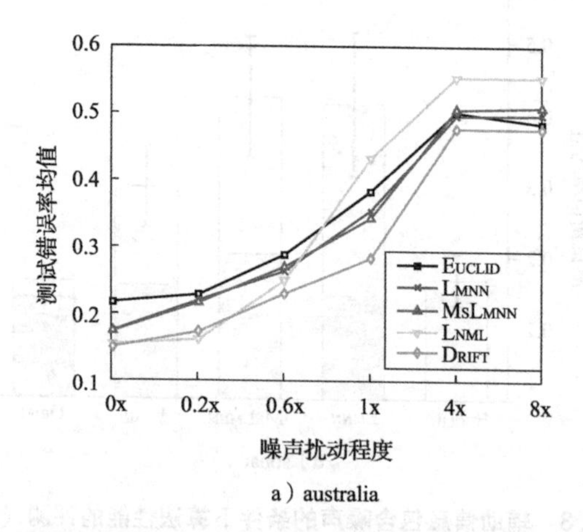

a）australia

图 6.4　在两个数据集上添加不同倍数的基本噪声时的平均测试误差，其中“x”之前的数值表示添加的基本噪声向量的倍数

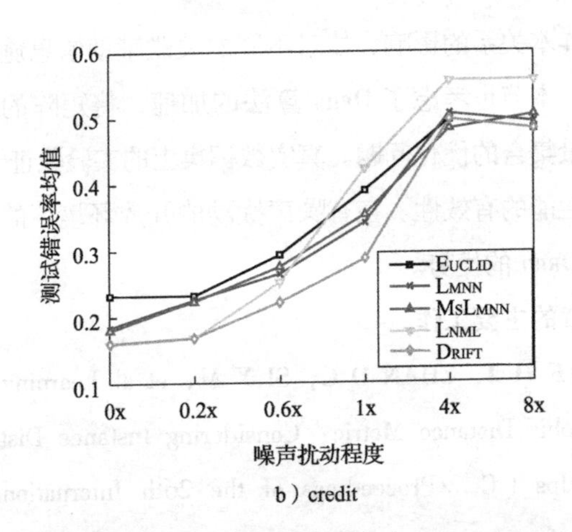

b）credit

图 6.4　在两个数据集上添加不同倍数的基本噪声时的平均测试误差，其中“x”之前的数值表示添加的基本噪声向量的倍数（续）

6.5 本章小结

本节考虑开放环境中输入和输出两个层面可能存在的噪声，学习鲁棒的距离度量。具体而言，本节首先提出辅助信息中的噪声来自特征的不确定性，而特征的扰动将破坏样本的邻域结构并严重恶化学习度量的有效性。针对存在噪声的样本，本书提出了基于样本扰动的度量学习方法 DRIFT。该方法考虑对样本施加不同的噪声以“抵消”原始噪声的干扰，使得学到的度量更加鲁棒。在此过程中，受到噪声扰动的样本之间的期望距离不仅反映了噪声对特征的干扰，也能考虑噪声对样本关系的影响，如对不同的关联辅助信息施加不同的权重。本节也考虑了 Drift 算法的加速，将矩阵的优化简化为向量集合的优化问题。真实数据集上的实验验证了 Drift 对分类性能的有效性。在有噪声扰动的开放环境下的结果也突出了 Drift 的优势。

本章的主要工作

- **YE H J**，ZHAN D C，SI X M，et al. Learning Mahalanobis Distance Metric：Considering Instance Disturbance Helps [C]//Proceedings of the 26th International Joint Conference on Artificial Intelligence (IJCAI) IJCAI, 2017：3315-3321.（CCF-A 类会议）

第 7 章

总结与展望

度量学习通过训练数据，利用对象之间的关联关系，学到了一种如何比较任意两个样本的策略，以便进行样本之间相似性的判定。通过度量学习方法，首先能够学习到一个反映对象属性的表示空间，在该空间中，相似样本具有较小的距离并且互相接近，而不相似的样本则互相远离。因此，学到的映射空间反映了对象的属性，使得不同的任务如分类、聚类、检索都能取得比原空间更好的效果。其次，度量学习提供了一种利用弱监督信息的方法。在学习过程中，度量学习不需要像传统监督学习一样为每一个对象提供特定的类别信息，只需要有样本之间的关联、比较关系，就可以学到适合样本度量的距离。这种利用弱监督信息的能力在如社交网络、搜索引擎等实际的场景中都有应用。

现有的度量学习研究专注于稳定的、封闭的环境中。大多数已有的算法主要存在两个方面的缺陷：首先，从算法的输入层面考虑，这些算法要求训练阶段具有大量的有标记、特征不受干扰的训练样本，且算法的使用被局限在同一个特征空间中；其次，从算法的输出层面考虑，已有的算法只能处理无噪声的、单一概念的语义环境。这种局限性不利于机器学习算法在开放环境中的应用。本书从上述两个方面提出解决方案，使得度量学习方法能够适应以及被用于开放的学习环境中。

7.1 本书工作总结

基于第2章的框架（见图2.1），本书针对现有度量学习方法在开放环境中主要的两方面局限性提出解决方案：

针对开放环境中的度量学习模型输入层面受到的影响做出讨论。本书首先从理论的角度证明度量学习算法的泛化能力（第3章）。相比以往的分析结果，本书的理论分析达到了当前已知的分析中**最快的泛化收敛率**，并在模拟环境下对理论的分析给出相应的验证。基于理论结果可以发现，在开放环境中有**两种可行的方案**能够降低度量学习算法对训练样本数目的需求。首先，基于模型本身，可以通过改进度量学习算法目标函数的性质，使得目标函数是强凸的、平滑的，并具有凸的正则项；其次，也可以重用相关任务中训练好的度量，通过有偏正则的形式，辅助当前任务上度量矩阵的训练。除了样本数目少，在开放环境中，不同任务之间可能存在特征空间的变化。基于模型重用对样本训练样本数目需求的缓解，本书在第 4 章中进一步提出利用度量学习以及语义映射的算法框架 ReForm，使得当前分类任务的训练过程能够有效重用以往任务的**异构模型**。为关联不同任务的特征空间，本书创新性地提出了“特征元表示空间”这一概念，将不同任务的特征都表示为该空间中的样例，通过该空间中度量指导下的语义映射，将不同任务分类器的映射联系在一起。文本分类、用户推荐等实际任务的实验都有效地说明 ReForm 框架下的各种方法能够有效地应用于开放环境中。

针对开放环境中的度量学习模型输出层面受到的影响做出讨论。开放环境中，对象本身会包含多样化的语义信息，此外，对象之间的关联关系也有多种可能。例如，社交网络中的两个好友用户，其互加好友的原因可能是多样化的。考虑到已有的方法无法区分并利用不同的语义，本书在第 5 章中首先提出 Um²L 这一多度量学习框架，通过考虑不同形式的算子模式，能够在统一的框架中同时处理**不同形式的、多样化的对象间的关联关系**。Um²L 学到的度量也能够通过特征的选择反映出不同语义的特性。此外，考虑到多度量学习中需要预定义度量矩阵的数目，本书也提出一种自适应多度量选择算法 Lift，基于全局度量进行局部度量的增进式学习，使度量能够根据语义**动态分配**。这不但防止了模型的过拟合，增强了模型的分类能力，而且能更好地通过增进的形式凸显出不同语义的特性。

开放环境中的度量学习也会面临同时来自模型输入和输出层面的噪声扰动。从输入层面看，噪声会使得特征表述不准确，而在输出层面，噪声使得对象之间的关联关系具有不确定性。通过对样本间距离关系的推导，本书在第 6 章中将噪声在度量学习中的扰动过程归结为对样本特征的扰动，并在学习过程中，通过优化**期望距离**以考虑**所有可能的噪声形式**。本书提出的距离扰动噪声方法 DRIFT，在训练过程中“试探性”地扩大每一个样本的相似邻域，并能够在开放环境中学习到鲁棒的距离度量。实验证明，在一般环境下，DRIFT 能够取得比已有度量学习方法更好的分类效果，在开放环境下，也能够应对样本特征（输入）和对象间关系（输出）中存在的不同形式的噪声。

此外，也可以从“理论”“算法”“应用”这些角度总结本书的工作，如图 7.1 所示。在理论上，本书分析了全局

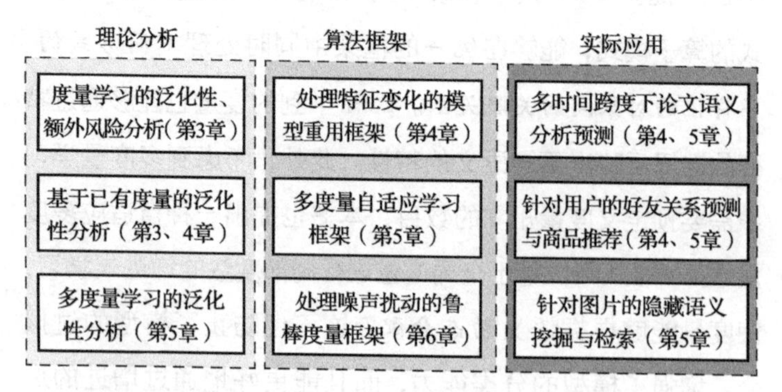

图 7.1　从理论、算法、应用的角度对本书工作的总结

度量、多个局部度量的泛化能力；在算法上，本书提出能够处理特征变化的学习框架，以及适用多语义的自适应多度量方法；在应用上，本书提出的算法能够被用于多种实际问题中，例如社交网络分析、图像检索等。

7.2 未来研究展望

本书考虑如何将度量学习算法有效地应用于开放环境中，并主要从模型算法输入和输出这两个方面受到的影响针对性地提出解决方案。本书的系列工作也可以看作随着任务复杂性的递增，分别提出了不同场景下的解决方案（如图 7.2 所示）。在开放环境模型的输入、输出层面下，考虑实际中更复杂的场景，会有如下一些值得研究的方向：

1. **跨任务的小样本学习**。如何在新的环境中利用少量的训练样本获得有效的分类模型是机器学习、计算机视觉、自然语言处理领域中的重要问题。本书对小样本问题的研究要求在重用模型时，以往的任务和当前的任务具有相同的**类别空间**，而在实际应用中，则需要能够在已知的、具有足够多样本的数据中先学习模型或知识，并将其应用在**新的**、**未知的**类别中。该领域的研究一般通过“元学习”（Meta Learning）方法实现[164-168]，但也可以考虑利用度量学习本身的性质，从已有类别中搜索具有辅助能力的样本[169-170]以增强小样本环境下的学习能力。该领域的理论研究（元学习的泛化

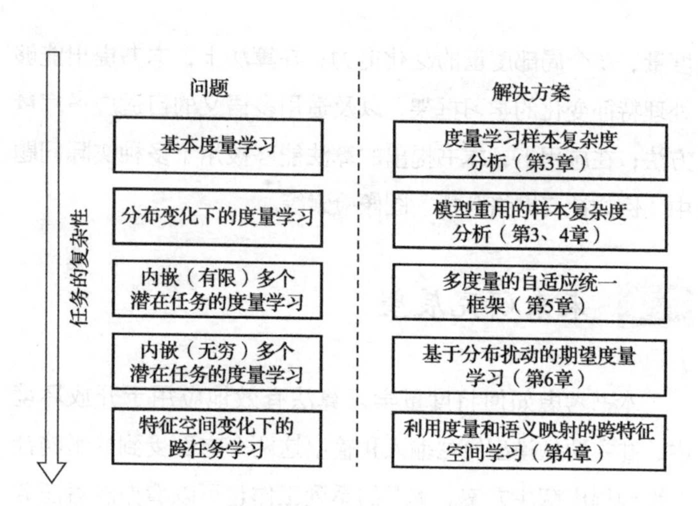

图 7.2 从任务复杂度的角度对本书工作的总结

能力）也是重要的方向之一。

2. 针对不同性能指标的小样本学习。本书的工作主要着眼于分类或聚类的性能指标，而在实际任务中，由于需求的变化，对任务的指标也会有所改变。例如，多标签学习（Multi-Label Learning）中有多种不同的性能指标进行评测[171]，且某些指标并不能同时被优化[172]。因此，值得探究的是是否能为不同指标找到较好的模型先验，使得当有新的指标时，仅需要通过少量的样本，就能快速获得新指标下对应的模型。文献［173］通过假设迁移方法，利用少量样本修正给定的已有的模型。但该方法并未直接针对不同指标进行优化，并且需要给定的模型是训练好的、固定的。综上，值得考虑的是在已有数据中，抽样模拟少样本、多指标的优化任务，**学习**能够被适配至不同指标下的分类器先验。

3. **跨模态有噪声的度量学习问题**。本书讨论的机器学习问题只涉及单个物理模态（属性集合），而在实际多媒体数据中，同一对象会有图像、语音、文本等多个不同的物理描述，这种利用多个不同属性集的学习问题被称为“多视图/多模态问题”（Multi-View/Multi-Modal Learning）[174-176]。所以在开放环境中，不但存在如本书讨论的视图内部的噪声，而且会有视图之间的噪声。因此，多视图下的度量学习[177-179]需要考虑模态之间样本关联关系中存在的噪声和不确定性，并从中抽取出有效的对象的综合性表示。

4. **针对复杂对象的语义挖掘与可视化**。由于图像、文本中存在多种可能的语义，对象之间的关联性来源于多种可能的语义解释。在本书的讨论中，我们为不同的语义分配了度量，并利用度量的特征解释语义。由于深度度量学习（Deep Metric Learning）在不同任务中取得了优异的数值和可视化效果[74-75,77]，因此，值得考虑的是深度度量学习如何**无监督地挖掘**对象间可能存在的关联关系，并学习具有可解释性的表示模型，以使得当前对象在和不同对象进行比较时，能明确指出对象中激活的语义成分，并产生针对当前样本对的特有的语义表示。

除了在开放环境中的应用，度量学习的研究也应该考虑如何适应**持续变化的、动态的环境**（Dynamic Environment）。

在动态环境中，样本的分布、特征、类别以及指标会有连续性的变化，度量学习算法需要能够多阶段地侦测环境的变化，并利用当前少量的样本快速适应新的环境。

与此同时，度量学习的研究也需要引入先验（Prior）以及常识（Common Sense）。具体而言，考虑到长尾分布的影响，模型的训练过程不可能枚举所有可能出现的场景；而实际的任务会存在“突发事件”，即训练过程中未处理过的情况。这种特异性可能表现为出现差异很大的特征、分布阶跃式变化的样本或未见过的语义。为了应对实际环境中的种种异常情况，度量学习需要具有“先验”或“常识”，以备在新的环境中能够做出有道理的决策与判断。

参考文献

[1] RUSSELL S J, NORVIG P. Artificial intelligence: a modern approach [M]. New Jersey: Prentice Hall, 2003.

[2] 周志华. 机器学习 [M]. 北京:清华大学出版社, 2016.

[3] MOHRI M, ROSTAMIZADEH A, TALWALKAR A. Foundations of machine learning [M]. Cambridge: MIT press, 2018.

[4] WITTEN I H, FRANK E, HALL M A, et al. Data Mining: Practical machine learning tools and techniques [M]. San Francisco: Morgan Kaufmann, 2016.

[5] GOODFELLOW I, BENGIO Y, COURVILLE A, et al. Deep learning [M]. Cambridge: MIT press, 2016.

[6] MANNING C, SURDEANU M, BAUER J, et al. The Stanford CoreNLP natural language processing toolkit [C]//Proceedings of 52nd annual meeting of the association for computational linguistics: system demonstrations. New Brunswick: ACL, 2014: 55-60.

[7] STONE P, VELOSO M. Multiagent systems: A survey from a machine learning perspective [J]. Autonomous Robots, 2000, 8 (3): 345-383.

[8] PUURULA A, READ J, BIFET A. Kaggle LSHTC4 Winning Solution [J]. CoRR, 2014, abs/1405. 0546.

[9] NARAYANAN A, SHI E, RUBINSTEIN B I P. Link prediction by deanonymization: How We Won the Kaggle Social Network Challenge [C]//Proceedings of the 2011 International Joint Conference on Neural Networks (IJCNN). Cambridge: IEEE, 2011: 1825-1834.

[10] LOWE D G. Object recognition from local scale-invariant features [C]//Proceedings of the 7th IEEE international conference on Computer vision. Cambridge: IEEE, 1999: 1150-1157.

[11] DALAL N, TRIGGS B. Histograms of oriented gradients for human detection [C]//IEEE Computer Society Conference on Computer Vision and Pattern Recognition. Cambridge: IEEE, 2005: 886-893.

[12] MÜLLER M. Information retrieval for music and motion: Vol 2 [M]. Berlin: Springer, 2007.

[13] WRIGHT J, GANESH A, RAO S, et al. Robust principal component analysis: Exact recovery of corrupted low-rank matrices via convex optimization [G]//Advances in neural information processing systems. Cambridge: MIT Press, 2009: 2080-2088.

[14] CANDÈS E J, LI X, MA Y, et al. Robust principal component analysis? [J]. Journal of the ACM, 2011, 58 (3): 11.

[15] MIKOLOV T, CHEN K, CORRADO G, et al. Efficient estimation of word representations in vector space [J]. arXiv preprint, 2013, arXiv: 1301. 3781.

[16] ARORA S, LIANG Y, MA T. A simple but tough-to-beat baseline for sentence embeddings [C]//International Conference on Learning Representations. [S. l.]: ICLR, 2017.

[17] LE Q, MIKOLOV T. Distributed representations of sentences and documents [C]//Proceedings of the 31st International Conference on Machine Learning. JMLR. org, 2014: 1188-1196.

[18] FANG K, WU T-L, YANG D, et al. Demo2Vec: Reasoning Object Affordances From Online Videos [C]//Proceedings of the

IEEE Conference on Computer Vision and Pattern Recognition. Cambridge: IEEE, 2018: 2139-2147.

[19] DAI H, DAI B, SONG L. Discriminative embeddings of latent variable models for structured data [C]//Proceedings of the 33rd International Conference on Machine Learning. [S. l.]: JMLR. org, 2016: 2702-2711.

[20] KRIZHEVSKYA, SUTSKEVER I, HINTON G E. Imagenet classification with deep convolutional neural networks [G]//Advances in neural information processing systems. Cambridge: MIT Press, 2012: 1097-1105.

[21] HE K, ZHANG X, REN S, et al. Deep residual learning for image recognition [C]//Proceedings of the IEEE conference on computer vision and pattern recognition. Cambridge: IEEE, 2016: 770-778.

[22] ZAGORUYKO S, KOMODAKIS N. Wide residual networks [J]. arXiv preprint, 2016, arXiv: 1605. 07146.

[23] PARAMESWARAN S, WEINBERGER K Q. Large margin multi-task metric learning [G]//Advances in neural information processing systems. Cambridge: MIT Press, 2010: 1867-1875.

[24] QIAN Q, JIN R, ZHU S, etal. Fine-grained visual categorization via multi-stage metric learning [C]//Proceedings of the IEEE Conference on Computer Vision and Pattern Recognition. Cambridge: IEEE, 2015: 3716-3724.

[25] SCHROFF F, KALENICHENKO D, PHILBIN J. Facenet: A unified embedding for face recognition and clustering [C]//Proceedings of the IEEE conference on computer vision and pattern recognition. Cambridge: IEEE, 2015: 815-823.

[26] YI D, LEI Z, LIAO S, et al. Deep metric learning for person re-identification [C]//Proceedings of the 22nd International Conference on Pattern Recognition. Cambridge: IEEE, 2014: 34-39.

[27] XIONG F, GOU M, CAMPS O, et al. Person re-identification

using kernel-based metric learning methods [C]//European conference on computer vision. Berlin: Springer, 2014: 1-16.

[28] LIAO S, HU Y, ZHU X, et al. Person re-identification by local maximal occurrence representation and metric learning [C]//Proceedings of the IEEE conference on computer vision and pattern recognition. Cambridge: IEEE, 2015: 2197-2206.

[29] KULIS B, SAENKO K, DARRELL T. What you saw is not what you get: Domain adaptation using asymmetric kernel transforms [C]//IEEE Conference on Computer Vision and Pattern Recognition. Cambridge: IEEE, 2011: 1785-1792.

[30] BECKER H, NAAMAN M, GRAVANO L. Learning similarity metrics for event identification in social media [C]//Proceedings of the third ACM international conference on Web search and data mining. New York: ACM, 2010: 291-300.

[31] SHAW B, HUANG B, JEBARA T. Learning a distance metric from a network [G]//Advances in Neural Information Processing Systems. Cambridge: MIT Press, 2011: 1899-1907.

[32] HSIEH C-K, YANG L, CUI Y, et al. Collaborative Metric Learning [C]//Proceedings of the 26th International Conference on World Wide Web. Perth: International World Wide Web Conrference Steering Committee, 2017: 193-201.

[33] YANG L, JIN R. Distance metric learning: A comprehensive survey [J]. Michigan State Universiy, 2006, 2 (2): 4.

[34] KULIS B. Metric learning: A survey [J]. Foundations and Trends® in Machine Learning, 2013, 5 (4): 287-364.

[35] BELLET A, HABRARD A, SEBBAN M. Metric learning [M]. San Rafael: Morgan & Claypool Publishers, 2015.

[36] XING E P, JORDAN M I, RUSSELL S J, et al. Distance metric learning with application to clustering with side-information [G]//Advances in neural information processing systems. Cambridge: MIT Press, 2003: 521-528.

[37] DAVIS J V, KULIS B, JAIN P, et al. Information-theoretic metric learning [C]//Proceedings of the 24th international conference on Machine learning. New York: ACM, 2007: 209-216.

[38] VENKATESWARA H, EUSEBIO J, CHAKRABORTY S, et al. Deep Hashing Network for Unsupervised Domain Adaptation [C]//(IEEE) Conference on Computer Vision and Pattern Recognition (CVPR). Cambridge: IEEE, 2017: 5385-5394.

[39] AMID E, UKKONEN A. Multiview Triplet Embedding: Learning Attributes in Multiple Maps [C]//Proceedings of the 32nd International Conference on Machine Learning. New York: ACM, 2015: 1472-1480.

[40] SCHULTZ M, JOACHIMS T. Learning a distance metric from relative comparisons [G]//Advances in neural information processing systems. Cambridge: MIT Press, 2004: 41-48.

[41] WEINBERGER K Q, BLITZER J, SAUL L K. Distance metric learning for large margin nearest neighbor classification [G]//Advances in neural information processing systems. Cambridge: MIT Press, 2006: 1473-1480.

[42] WEINBERGER K Q, SAUL L K. Distance metric learning for large margin nearest neighbor classification [J]. Journal of Machine Learning Research, 2009, 10 (Feb): 207-244.

[43] KOESTINGER M, HIRZER M, WOHLHART P, et al. Large scale metric learning from equivalence constraints [C]//IEEE Conference on Computer Vision and Pattern Recognition. Cambridge: IEEE, 2012: 2288-2295.

[44] LAWM T, THOME N, CORD M. Learning a distance metric from relative comparisons between quadruplets of images [J]. International Journal of Computer Vision, 2017, 121 (1): 65-94.

[45] YING Y, LI P. Distance metric learning with eigenvalue optimization [J]. Journal of Machine Learning Research, 2012, 13 (Jan): 1-26.

[46] ZHAN D-C, LI M, LI Y-F, et al. Learning instance specific distances using metric propagation [C]//Proceedings of the 26th Annual International Conference on Machine Learning. New York: ACM, 2009: 1225-1232.

[47] KEDEM D, TYREE S, SHA F, et al. Non-linear metric learning [G]//Advances in Neural Information Processing Systems. Cambridge: MIT Press, 2012: 2573-2581.

[48] LAW M T, THOME N, CORD M. Fantope regularization in metric learning [C]//Proceedings of the IEEE Conference on Computer Vision and Pattern Recognition. Cambridge: IEEE, 2014: 1051-1058.

[49] PERROT M, HABRARD A. A Theoretical Analysis of Metric Hypothesis Transfer Learning [C]//Proceedings of the 32nd International Conference on Machine Learning. New York: ACM, 2015: 1708-1717.

[50] WANG S, JIN R. An information geometry approach for distance metric learning [C]//Proceedings of the 12th International Conference on Artificial Intelligence and Statistics. [S. l.]: JMLR. org, 2009: 591-598.

[51] LIU W, MU C, JI R, et al. Low-Rank Similarity Metric Learning in High Dimensions [C]//Proceedings of the 29th AAAI Conference on Artificial Intelligence. Palo Alto: AAAI, 2015: 2792-2799.

[52] LI J, CHEN X, ZOU D, et al. Conformal and low-rank sparse representation for image restoration [C]//Proceedings of the IEEE International Conference on Computer Vision. Cambridge: IEEE, 2015: 235-243.

[53] SIYAHJANI F, ALMOHSEN R, SABRI S, et al. A supervised low-rank method for learning invariant subspaces [C]//Proceedings of the IEEE International Conference on Computer Vision. Cambridge: IEEE, 2015: 4220-4228.

[54] YING Y, HUANG K, CAMPBELL C. Sparse metric learning via smooth optimization [G]//Advances in neural information processing systems. Cambridge: MIT Press, 2009: 2214-2222.

[55] LIU K, BELLET A, SHA F. Similarity learning for high-dimensional sparse data [C]//International Conference on the 18th Artificial Intelligence and Statistics. [S. l.]: PMLR, 2015 (38): 653-662.

[56] LIM D, LANCKRIET G, MCFEE B. Robust structural metric learning [C]//Proceedings of the 30th International Conference on Machine Learning. New York: ACM, 2013: 615-623.

[57] XIE P. Learning compact and effective distance metrics with diversity regularization [C]//Joint European Conference on Machine Learning and Knowledge Discovery in Databases. Berlin: Springer, 2015: 610-624.

[58] CAO Q, YING Y, LI P. Similarity metric learning for face recognition [C]//Proceedings of the IEEE International Conference on Computer Vision. Cambridge: IEEE, 2013: 2408-2415.

[59] QIAN Q, HU J, JIN R, et al. Distance metric learning using dropout: a structured regularization approach [C]//Proceedings of the 20th ACM SIGKDD international conference on Knowledge discovery and data mining. New York: ACM, 2014: 323-332.

[60] DIETTERICH T G. Steps toward robust artificial intelligence [J]. AI Magazine, 2017, 38 (3): 3-24.

[61] ZHOU Z-H. Learnware: on the future of machine learning [J]. Frontiers of Computer Science, 2016, 10 (4): 589-590.

[62] WANG J, WOZNICA A, KALOUSIS A. Learning neighborhoods for metric learning [C]//Proceedings of the 2012 European Conference on Machine Learning and Principles and Practice of Knowledge Discovery in Databases. Berlin: Springer, 2012: 223-236.

[63] VERMA N, BRANSON K. Sample Complexity of Learning Ma-

halanobis Distance Metrics [G]//Advances in Neural Information Processing Systems. Cambridge: MIT Press, 2015: 2584-2592.

[64] CAO Q, GUO Z-C, YING Y. Generalization bounds for metric and similarity learning [J]. Machine Learning, 2016, 102 (1): 115-132.

[65] SHI X, LIUQ, FAN W, et al. Transfer Learning on Heterogenous Feature Spaces via Spectral Transformation [C]//The 10th IEEE International Conference on Data Mining. Cambridge: IEEE, 2010: 1049-1054.

[66] WANG C, MAHADEVAN S. Heterogeneous Domain Adaptation Using Manifold Alignment [C]//Proceedings of the 22nd International Joint Conference on Artificial Intelligence. Palo Alto: AAAI, 2011: 1541-1546.

[67] LONG M, WANG J, DING G, et al. Transfer Learning with Graph CoRegularization [J]. IEEE Transactions on Knowledge and Data Engineering, 2014, 26 (7): 1805-1818.

[68] KUZBORSKIJ I, ORABONA F, CAPUTO B. From N to N+1: Multiclass Transfer Incremental Learning [C]//The 26th IEEE Conference on Computer Vision and Pattern Recognition. Cambridge: IEEE, 2013: 3358-3365.

[69] TOMMASI T, ORABONA F, CAPUTO B. Learning Categories From Few Examples With Multi Model Knowledge Transfer [J]. IEEE Transactions on Pattern Analysis and Machine Intelligence, 2014, 36 (5): 928-941.

[70] WANG J, KALOUSIS A, WOZNICA A. Parametric Local Metric Learning for Nearest Neighbor Classification [G]//Advances in Neural Information Process-ing Systems. Cambridge: MIT Press, 2012: 1601-1609.

[71] SHI Y, BELLET A, SHA F. Sparse Compositional Metric Learning [C]//Proceedings of the 29th AAAI Conference on Artificial Intelligence. Palo Alto: AAAI, 2014: 2078-2084.

[72] CHANGPINYO S, LIU K, SHA F. Similarity Component Analysis [G]//Advances in Neural Information Processing Systems. Cambridge: MIT Press, 2013: 1511-1519.

[73] VAN DER MAATEN L, HINTON G. Visualizing non-metric similarities in multiple maps [J]. Machine learning, 2012, 87 (1): 33-55.

[74] OH SONG H, XIANG Y, JEGELKA S, et al. Deep metric learning via lifted structured feature embedding [C]//Proceedings of the IEEE Conference on Computer Vision and Pattern Recognition. Cambridge: IEEE, 2016: 4004-4012.

[75] SOHN K. Improved deep metric learning with multi-class n-pair loss objective [G]//Advances in Neural Information Processing Systems. Cambridge: MIT Press, 2016: 1857-1865.

[76] OPITZ M, WALTNER G, POSSEGGER H, et al. BIER-Boosting Independent Embeddings Robustly [C]//Proceedings of the International Conference on Computer Vision. Cambridge: IEEE, 2017: 5199-5208.

[77] OH SONG H, JEGELKA S, RATHOD V, et al. Deep metric learning via facility location [C]//Proceedings of the IEEE Conference on Computer Vision and Pattern Recognition. Cambridge: IEEE, 2017: 5382-5390.

[78] YE H-J, ZHAN D-C, JIANG Y. Instance Specific Metric Subspace Learning: A Bayesian Approach [C]//Proceedings of the Thirtieth AAAI Conference on Artificial Intelligence. Palo Alto: AAAI, 2016: 2272-2278.

[79] QIAN Q, JIN R, YI J, et al. Efficient distance metric learning by adaptive sam-pling and mini-batch stochastic gradient descent (SGD) [J]. Machine Learning, Cambridge: MIT Press, 2015, 99 (3): 353-372.

[80] PERROT M, HABRARD A. Regressive virtual metric learning [G]//Advances in Neural Information Processing Systems. Cam-

bridge: MIT Press, 2015: 1810-1818.

[81] ZHANG J, ZHANG L. Efficient Stochastic Optimization for Low-Rank Distance Metric Learning. [C]//Proceedings of the 31st AAAI Conference on Artificial Intelligence. Palo Alto: AAAI, 2017: 933-940.

[82] YE H-J, ZHAN D-C, SI X-M, et al. Learning Feature Aware Metric [C]//Proceedings of The 8th Asian Conference on Machine Learning. New York: ACM, 2016: 286-301.

[83] CLÉMEN c CON S, LUGOSI G, VAYATIS N. Ranking and empirical minimization of U-statistics [J]. The Annals of Statistics, 2008: 844-874.

[84] SHALEV-SHWARTZ S, BEN-DAVID S. Understanding machine learning: From the ory to algorithms [M]. Cambridge: Cambridge university press, 2014.

[85] BOUSQUET O, ELISSEEFF A. Stability and generalization [J]. Journal of Machine Learning Research, 2002, 2 (Mar): 499-526.

[86] BARTLETT P L, MENDELSON S. Rademacher and Gaussian complexities: Risk bounds and structural results [J]. Journal of Machine Learning Research, 2002, 3 (Nov): 463-482.

[87] BARTLETT P L, BOUSQUET O, MENDELSON S. Local rademacher complexities [J]. The Annals of Statistics, 2005, 33 (4): 1497-1537.

[88] SRIDHARAN K, SHALEV-SHWARTZ S, SREBRO N. Fast rates for regularized objectives [G]//Advances in Neural Information Processing Systems. Cambridge: MIT Press, 2009: 1545-1552.

[89] SREBRO N, SRIDHARAN K, TEWARI A. Smoothness, low noise and fast rates [G]//Advances in Neural Information Processing Systems. Cambridge: MIT Press, 2010: 2199-2207.

[90] ZHANG L, YANG T, JIN R. Empirical Risk Minimization for Stochastic Convex Optimization: \$O(1/n)\$-and \$O(1/n^2)\$-type of Risk Bounds [C]//Proceedings of the 30th Conference

on Learning Theory. [S.l.]: PMLR, 2017 (65): 1954-1979.

[91] JIN R, WANG S, ZHOU Y. Regularized Distance Metric Learning: Theory and Algorithm [G]//Advances in Neural Information Processing Systems Cambridge: MIT Press, 2010: 862-870.

[92] PERROT M, HABRARD A, MUSELET D, et al. Modeling perceptual color differences by local metric learning [C]//European conference on computer vision. Berlin: Springer, 2014: 96-111.

[93] MASON B, JAIN L, NOWAK R D. Learning Low-Dimensional Metrics [G]//Advances in Neural Information Processing Systems. Cambridge: MIT Press, 2017: 4142-4150.

[94] BELLET A, HABRARD A, SEBBAN M. Similarity Learning for Provably Accurate Sparse Linear Classification [C]//Proceedings of the 29th International Conference on Machine Learning. New York: ACM, 2012: 1871-1878.

[95] GUO Z-C, YING Y. Guaranteed Classification via Regularized Similarity Learning [J]. Neural Computation, 2014, 26 (3): 497-522.

[96] BISHOP C M. Pattern recognition and machine learning [M]. Secaucus, NJ.: Springer, 2006.

[97] KUZBORSKIJ I, ORABONA F. Fast rates by transferring from auxiliary hypotheses [J]. Machine Learning, 2017, 106 (2): 171-195.

[98] GONG B, GRAUMAN K, SHA F. Connecting the Dots with Landmarks: Discriminatively Learning Domain-Invariant Features for Unsupervised Domain Adaptation [C]//Proceedings of the 30th International Conference on Machine Learning. New York: ACM, 2013: 222-230.

[99] SUGIYAMA M, KAWANABE M. Machine learning in non-stationary environ-ments: Introduction to covariate shift adaptation [M]. Cambridge: MIT press, 2012.

[100] VILLANI C. Optimal transport: old and new: Vol 338 [M].

Berlin: Springer Science & Business Media, 2008.

[101] COURTY N, FLAMARY R, TUIA D, et al. Optimal Transport for Domain Adaptation [J]. IEEE Transactions on Pattern Analysis and Machine Intelligence, 2017, 39 (9): 1853-1865.

[102] PAN S J, YANG Q. A Survey on Transfer Learning [J]. IEEE Transactions on Knowledge and Data Engineering, 2010, 22 (10): 1345-1359.

[103] SI S, TAO D, GENG B. Bregman Divergence-Based Regularization for Transfer Subspace Learning [J]. IEEE Transactions on Knowledge and Data Engineering, 2010, 22 (7): 929-942.

[104] HINTON G E, VINYALS O, DEAN J. Distilling the Knowledge in a Neural Network [J]. CoRR, 2015, abs/1503. 02531.

[105] YANG Y, YE H-J, ZHAN D-C, et al. Auxiliary Information Regularized Machine for Multiple Modality Feature Learning [C]//Proceedings of the 24th International Joint Conference on Artificial Intelligence. San Francisco: Morgan Kaufmann, 2015: 1033-1039.

[106] YANG Y, ZHAN D-C, FAN Y, et al. Deep Learning for Fixed Model Reuse [C]//Proceedings of the 31st AAAI Conference on Artificial Intelligence. Palo Alto: AAAI, 2017: 2831-2837.

[107] HOU C, ZHOU Z-H. One-Pass Learning with Incremental and Decremental Features [J]. IEEE Transactions on Pattern Analysis and Machine Intelligence, 2017, 40 (11): 2776-2792.

[108] SANTAMBROGIO F. Optimal transport for applied mathematicians [M]. Cham: Springer, 2015.

[109] CUTURI M. Sinkhorn Distances: Lightspeed Computation of Optimal Transport [G]//Advances in Neural Information Processing Systems. Cambridge: MIT Press, 2013: 2292-2300.

[110] WANG H, BANERJEE A. Bregman Alternating Direction Method of Multipliers [G]//Advances in Neural Information Processing Systems. Cambridge: MIT Press, 2014: 2816-2824.

[111] BENAMOU J-D, CARLIER G, CUTURI M, et al. Iterative Bregman Projections for Regularized Transportation Problems [J]. SIAM Journal on Scientific Computing, 2015, 37 (2).
[112] RUBNER Y, TOMASI C, GUIBAS L J. A Metric for Distributions with Applications to Image Databases [C]//Proceedings of the 6th IEEE International Conference on Computer Vision. Cambridge: IEEE, 1998: 59-66.
[113] HUANG G, GUO C, KUSNER M J, et al. Supervised Word Mover's Distance [G]//Advances in Neural Information Processing Systems. Cambridge: MIT Press, 2016: 4862-4870.
[114] PERROT M, COURTY N, FLAMARY R, et al. Mapping Estimation for Discrete Optimal Transport [G]//Advances in Neural Information Processing Systems. Cambridge: MIT Press, 2016: 4197-4205.
[115] CUTURI M, DOUCET A. Fast Computation of Wasserstein Barycenters [C]//Proceedings of the 31th International Conference on Machine Learning. New York: ACM, 2014: 685-693.
[116] MAURER A. A Vector-Contraction Inequality for Rademacher Complexities [C]//Proceedings of the 27th International Conference on Algorithmic Learning Theory. Berlin: Springer, 2016: 3-17.
[117] KUSNER M J, SUN Y, KOLKIN NI, et al. From Word Embeddings To Document Distances [C]//Proceedings of the 32nd International Conference on Machine Learning. New York: ACM, 2015: 957-966.
[118] MIKOLOV T, CHEN K, CORRADO G, et al. Efficient Estimation of Word Representations in Vector Space [J]. CoRR, 2013, abs/1301. 3781.
[119] YE J, XIONG T. SVM versus Least Squares SVM [C]//Proceedings of the 11th International Conference on Artificial Intelligence and Statistics. [S. l.]: PMLR, 2007: 644-651.

[120] MCAULEY J J, TARGETT C, SHI Q, et al. Image-Based Recommendations on Styles and Substitutes [C]//Proceedings of the 38th International ACM SIGIR Conference on Research and Development in Information Retrieval. New York: ACM, 2015: 43-52.

[121] HE R, MCAULEY J. Ups and Downs: Modeling the Visual Evolution of Fashion Trends with One-Class Collaborative Filtering [C]//Proceedings of the 25th International Conference on World Wide Web. Perth: International World Wide Web Conference Steering Committee, 2016: 507-517.

[122] FETAYA E, ULLMAN S. Learning Local Invariant Mahalanobis Distances [C]//Proceedings of the 32nd International Conference on Machine Learning. New York: ACM, 2015: 162-168.

[123] CHAKRABARTI D, FUNIAK S, CHANG J, et al. Joint Inference of Multiple Label Types in Large Networks [C]//Proceedings of The 31st International Con-ference on Machine Learning. New York: ACM, 2014: 874-882.

[124] HU J, ZHAN D-C, WU X, et al. Pairwised Specific Distance Learning from Physical Linkages [J]. ACM Transactions on Knowledge Discovery from Data, 2015, 9 (3): Article 20.

[125] LESKOVEC J, MCAULEY J J. Learning to Discover Social Circles in Ego Networks [G]//Advances in Neural Information Processing Systems. Cambridge: MIT Press, 2012: 539-547.

[126] NOH Y-K, ZHANG B, LEE D D. Generative Local Metric Learning for Nearest Neighbor Classification [J]. IEEE Transactions on Pattern Analysis and Machine Intelligence, 2018, 40 (1): 106-118.

[127] YANG L, JIN R, MUMMERT L, et al. A boosting framework for visuality-preserving distance metric learning and its application to medical image re-trieval [J]. IEEE Transactions on Pattern Analysis and Machine Intelligence, 2010, 32 (1): 30-44.

[128] COOK J, SUTSKEVER I, MNIH A, et al. Visualizing Similarity Data with a Mixture of Maps [C]//Proceedings of the 11th International Conference on Ar-tificial Intelligence and Statistics. [S.l.]: PMLR, 2007 (2): 67-74.

[129] HUANG K, YING Y, CAMPBELL C. Gsml: A unified framework for sparse metric learning [C]//Proceedings of the 9th IEEE International Conference on Data Mining. Cambridge: IEEE, 2009: 189-198.

[130] MCFEE B, LANCKRIET G. Learning multi-modal similarity [J]. Journal of machine learningresearch, 2011, 12: 491-523.

[131] NESTEROV Y. Introductory lectures on convex optimization: Vol 87 [M]. Berlin: Springer Science & Business Media, 2004.

[132] LI N, JIN R, ZHOU Z-H. Top Rank Optimization in Linear Time [G]//Advances in Neural Information Processing Systems. Cambridge: MIT Press, 2014: 1502-1510.

[133] BECK A, TEBOULLE M. A fast iterative shrinkage-thresholding algorithm for linear inverse problems [J]. SIAM journal on imaging sciences, 2009, 2 (1): 183-202.

[134] CHECHIK G, SHARMA V, SHALIT U, et al. Large scale online learning of image similarity through ranking [J]. Journal of Machine Learning Research, 2010, 11: 1109-1135.

[135] SZEGEDY C, LIU W, JIA Y, et al. Going deeper with convolutions [C]//Proceedings of the IEEE conference on computer vision and pattern recognition. Cambridge: IEEE, 2015: 1-9.

[136] MAURER A. Learning Similarity with Operator-valued Large-margin Classifiers [J]. Journal of Machine Learning Research, 2008, 9: 1049-1082.

[137] BHATTARAI B, SHARMA G, JURIE F. CP-mtML: Coupled projection multitask metric learning for large scale face retrieval [C]//IEEE Conference on Com-puter Vision and Pattern Recognition. Cambridge: IEEE, 2016: 4226-4235.

[138] PARAMESWARAN S, WEINBERGER K Q. Large Margin Multi-Task Metric Learning [G]//Advances in Neural Information Processing Systems. Cambridge: MIT Press, 2010: 1867-1875.

[139] CAI X, NIE F, HUANG H. Multi-View K-Means Clustering on Big Data [C]//Proceedings of the 23rd International Joint Conference on Artificial Intelli-gence. Palo Alto: AAAI, 2013: 2598-2604.

[140] YU Y, LI YF, ZHOU ZH. Diversity regularized machine [C]//Proceedings of the 22nd International Joint Conference on Artificial Intelligence. San Francisco: Morgan Kaufmann, 2011: 1603-1608.

[141] PARIKH N, BOYD S, OTHERS. Proximal algorithms [J]. Foundations and Trends® in Optimization, 2014, 1 (3): 127-239.

[142] DUCHI J C, SINGER Y. Efficient Online and Batch Learning Using Forward Backward Splitting [J]. Journal of Machine Learning Research, 2009, 10: 2899-2934.

[143] KONG D, LIU J, LIU B, et al. Uncorrelated Group LASSO. [C]//Proceedings of The 30th AAAI Conference on Artificial Intelligence. Palo Alto: AAAI, 2016: 1765-1771.

[144] LICHMAN M. UCI Machine Learning Repository [G/OL]. 2013. https://archive.ics.uci.edu/ml.

[145] LI Y, SHIU S C, PAL S K, et al. A rough set-based case-based reasoner for text categorization [J]. International Journal of Approximate Reasoning, 2006, 41 (2): 229-255.

[146] EVERINGHAM M, ESLAMI S MA, VAN G, et al. The Pascal Visual Object Class Challenge: A Retrospective [J]. International Journal of Computer Vision, 2015, 111 (1): 98-136.

[147] FRANK M, STREICH A P, BASIN D, et al. Multi-assignment clustering for boolean data [J]. Journal of Machine Learning Research, 2012, 13: 459-489.

[148] ZHANG M-L, ZHOU Z-H. ML-KNN: A lazy learning approach to multi-label learning [J]. Pattern Recognition, 2007, 40 (7): 2038-2048.

[149] ZHANG Y, ZHOU Z-H. Multilabel dimensionality reduction via dependence maximization [J]. ACM Transactions on Knowledge Discovery from Data, 2010, 4 (3): 14.

[150] ZHOU Z-H, ZHANG M-L, HUANG S-J, et al. Multi-instance multi-label learning [J]. Artificial Intelligence, 2012, 176 (1): 2291-2320.

[151] KRAUSE J, STARK M, DENG J, et al. 3D Object Representations for FineGrained Categorization [C]//The 4th International IEEE Workshop on 3D Representation and Recognition. Cambridge: IEEE, 2013: 554-561.

[152] MAATEN L V D, HINTON G. Visualizing data using t-SNE [J]. Journal of Machine Learning Research, 2008, 9: 2579-2605.

[153] VAN DER MAATEN L. Accelerating t-SNE using tree-based algorithms. [J]. Journal of machine learning research, 2014, 15: 3221-3245.

[154] MAO Q, WANG L, TSANG I W. A unified probabilistic framework for robust manifold learning and embedding [J]. Machine Learning, 2016: 1-24.

[155] HUANG K, JIN R, XU Z, et al. Robust Metric Learning by Smooth Optimization [C]//Proceedings of the 26th Conference on Uncertainty in Artificial Intelligence. Arlington: AUAI, 2010: 244-251.

[156] VAN DER MAATEN L, CHEN M, TYREE S, et al. Learning with Marginalized Corrupted Features [C]//Proceedings of the 30th International Conference on Machine Learning. New York: ACM, 2013: 410-418.

[157] CHEN N, ZHU J, CHEN J, et al. Dropout training for support vector machines [C]//Proceedings of the 28th AAAI Conference

on Artificial Intelligence. Palo Alto: AAAI, 2014: 1752-1759.

[158] WANGNI J, CHEN N. Nonlinear feature extraction with max-margin data shifting [C]//Proceedings of the 30th AAAI Conference on Artificial Intelligence. Palo Alto: AAAI, 2016: 2208-2214.

[159] CHEN M, WEINBERGER K Q, XU Z E, et al. Marginalizing stacked linear denoising autoencoders [J]. Journal of Machine Learning Research, 2015, 16: 3849-3875.

[160] LI Y, YANG M, XU Z, et al. Learning with Marginalized Corrupted Features and Labels Together [C]//Proceedings of the 30th AAAI Conference on Artificial Intelligence. Palo Alto: AAAI, 2016: 1251-1257.

[161] WAGER S, WANG S, LIANG P S. Dropout training as adaptive regularization [G]//Advances in Neural Information Processing Systems. 2013: 351-359.

[162] BOYD S, VANDENBERGHE L. Convex optimization [M]. Cambridge: Cambridge university press, 2004.

[163] ZHANG J, JIN R, YANG Y, et al. Modified logistic regression: An approximation to SVM and its applications in large-scale text categorization [C]//Proceedings of the 20th International Conference on Machine Learning. New York: ACM, 2003: 888-895.

[164] VINYALS O, BLUNDELL C, LILLICRAP T, et al. Matching Networks for One Shot Learning [G]//Advances in Neural Information Processing Systems. Cambridge: MIT Press, 2016: 3630-3638.

[165] FINN C, ABBEEL P, LEVINE S. Model-Agnostic Meta-Learning for Fast Adaptation of Deep Networks [C]//Proceedings of the 34th International Con-ference on Machine Learning. New York: ACM, 2017: 1126-1135.

[166] HARIHARAN B, GIRSHICK R B. Low-Shot Visual Recognition by Shrinking and Hallucinating Features [C]//IEEE Interna-

tional Conference on Computer Vision. Cambridge: IEEE, 2017: 3037-3046.

[167] WANG Y-X, RAMANAN D, HEBERT M. Learning to Model the Tail [G]//Advancesin Neural Information Processing Systems . Cambridge: MIT Press, 2017: 7032-7042.

[168] WANG Y-X, GIRSHICK R B, HEBERT M, et al. Low-Shot Learning from Imaginary Data [C]//Proceedings of the IEEE Conference on Computer Vision and Pattern Recognition. Cambridge: IEEE, 2018: 7278-7286.

[169] TAN X, CHEN S, ZHOU Z-H, et al. Face recognition from a single image per person: A survey [J]. Pattern Recognition, 2006, 39 (9): 1725-1745.

[170] HUANG S-J, JIN R, ZHOU Z-H. Active Learning by Querying Informative and Representative Examples [J]. IEEE Transactions on Pattern Analysis and Ma-chine Intelligence, 2014, 36 (10): 1936-1949.

[171] ZHANG M-L, ZHOU Z-H. A Review on Multi-Label Learning Algorithms [J]. IEEE Transactions on Knowledge Data Engineering, 2014, 26 (8): 1819-1837.

[172] WU X-Z, ZHOU Z-H. A Unified View of Multi-Label Performance Measures [C]//Proceedings of the 34th International Conference on Machine Learning. New York: ACM, 2017: 3780-3788.

[173] LI N, TSANG I W, ZHOU Z-H. Efficient Optimization of Performance Measures by Classifier Adaptation [J]. IEEE Transactions on Pattern Analysis and Machine Intelligence, 2013, 35 (6): 1370-1382.

[174] XU C, TAO D, XU C. A Survey on Multi-view Learning [J]. CoRR, 2013, abs/1304. 5634.

[175] YE H-J, ZHAN D-C, MIAO Y, et al. Rank Consistency based Multi-View Learning: A Privacy-Preserving Approach [C]//

Proceedings of the 24th ACM International Conference on Information and Knowledge Management. New York: ACM, 2015: 991-1000.

[176] YE H-J, ZHAN D-C, LI X, et al. College Student Scholarships and Subsidies Granting: A Multi-modal Multi-label Approach [C]//IEEE 16th International Conference on Data Mining. Cambridge: IEEE, 2016: 559-568.

[177] HUUSARI R, KADRI H, CAPPONI C. Multi-view Metric Learning in Vectorvalued Kernel Spaces [C]//International Conference on Artificial Intelligence and Statistics. [S. l.]: PMLR, 2018 (84): 415-424.

[178] ZHANG C, LIU Y, LIU Y, et al. FISH-MML: Fisher-HSIC Multi-View Metric Learning [C]//Proceedings of the 27th International Joint Conference on Artifi-cial Intelligence. San Francisco: Morgan Kaufmann, 2018: 3054-3060.

[179] HU J, LU J, TAN Y-P. Sharable and Individual Multi-View Metric Learning [J]. IEEE Transactions on Pattern Analysis and Machine Intelligence, 2018, 40 (9): 2281-2288.

致谢

自2013年我正式进入机器学习与数据挖掘研究所（LAMDA），至今已有6年。从最初懵懂地踏入实验室进行科研，到现在对毕业满怀憧憬，这期间经历了长久的学习和磨炼，体会到科研、生活的艰辛，同时获益良多。尤记得2015年正式发表第一篇论文的欣喜，而现在为了寻找科研方向夜不能寐，走在科研的路上，总是不自觉地会为取得的成果而欣喜，也会为科研项目的结果而沮丧，甚至忍不住要放弃。如今，博士的旅途即将到达尾声，我猛然发现，虽然一直在为科研烦恼，但是这并没有磨灭我对科研的热情与喜爱。今后，我依然期待在科研的路途中学到感兴趣的知识，期待和他人进行思想的碰撞与交流，期待通过我的努力为学术研究做出贡献，甚至为社会的进步尽一份力。回想读博这6年，我要感谢很多人，没有他们的帮助，我很难走到现在。

首先要感谢詹德川教授。在读博前期，詹老师在科研方向和问题上对我进行指导，并对我的问题不厌其烦地给出解答。我完成第一篇 AAAI 论文时，詹老师逐字逐句地进行了修改，并给予指导；在做会议报告与奖项的评选答辩时，詹老师尽心竭力地为我讲述相关的技巧。尤其让我感动的是，在 2016 年初我投稿 ICML 前期身体不适，詹老师不辞辛苦地到我家附近和我一起修改论文，并在投稿阶段鼓励我，让我最后没有放弃。在外出实习、出国交流期间，詹老师无微不至地关心我的生活状况以及后期的规划。在博士阶段的后期，詹老师十分注重我科研以外方面的培养，让我接触一些项目相关的任务，使我对自己的学术、职业发展有了更深刻的认识。

其次要感谢姜远教授和周志华教授。每次和姜老师交流，姜老师都会关心我当前的科研状况，对我的职业规划给出建议。在和周老师的几次交流中，周老师对科研方向从更高的层面给予我启发，同时在一些问题上让我对如何做一名科研人员有了更深的思考和体会。

我还要感谢在南加州大学交流期间认识的沙飞老师、胡鹤翔和 Wei-Lun（Harry）Chao 同学。沙飞老师的严词厉色让我在一次次的打磨中对如何寻找科研问题、如何表达自己的想法有了更进一步的探索和认识。在和鹤翔与 Harry 的合作中，我充分感受到了他们对科研无限的激情以及严谨的态度，也学习到了如何从多个角度切入科研问题。同时还要感谢陆志云、张珂、张博文、陈立逾、郑凯在访问期间给予我的无私帮助。

感谢 LAMDA 实验室为我提供优越的科研环境，同时也感谢实验室的同伴。感谢张利军老师经常为我解答理论问题，使我对机器学习理论有更进一步的理解。感谢李宇峰老师和张腾师兄在博士期间和我探讨优化方面的难题。感谢钱鸿对我的鼓励和督促。感谢赵鹏经常和我交流，尤其在我实习和出国期间帮了我很多。感谢司雪敏、盛祥荣在我多个科研工作中给予帮助。感谢李新春帮助我发现本书的多处笔误。

尤其要感谢的是我的爱人李红。在博士的科研路途上有坦途也有坎坷。读博期间的种种经历正是“一番番春秋冬夏，一场场酸甜苦辣”。在我取得成就的时候，李红督促我戒骄戒躁；在我抑郁的时候，李红鼓励我笑对科研；她长久的陪伴给了我坚实的依靠。最后感谢我的父母和亲人，他们无条件支持我完成了这长久的博士学业！

丛书跋

2006年，中国计算机学会（简称CCF）创立了CCF优秀博士学位论文奖（简称CCF优博奖），授予在计算机科学与技术及其相关领域的基础理论或应用基础研究方面有重要突破，或在关键技术和应用技术方面有重要创新的中国计算机领域博士学位论文的作者。微软亚洲研究院自CCF优博奖创立之初就大力支持此项活动，至今已有十余年。双方始终维持着良好的合作关系，共同增强CCF优博奖的影响力。自创立始，CCF优博奖激励了一批又一批优秀年轻学者成长，帮他们赢得了同行认可，也为他们提供了发展支持。

为了更好地展示我国计算机学科博士生教育取得的成效，推广博士生科研成果，加强高端学术交流，CCF委托北京机械工业出版社以“CCF优博丛书”的形式，全文出版荣获CCF优博奖的博士学位论文。微软亚洲研究院再一次给予了大力支持，在此我谨代表CCF对微软亚洲研究院表示由衷的感谢。希望在双方的共同努力下，“CCF 优博丛书”可以激励更多的年轻学者做出优秀成果，推动我国计算机领域的科技进步。

唐卫清

中国计算机学会秘书长

2022 年 9 月